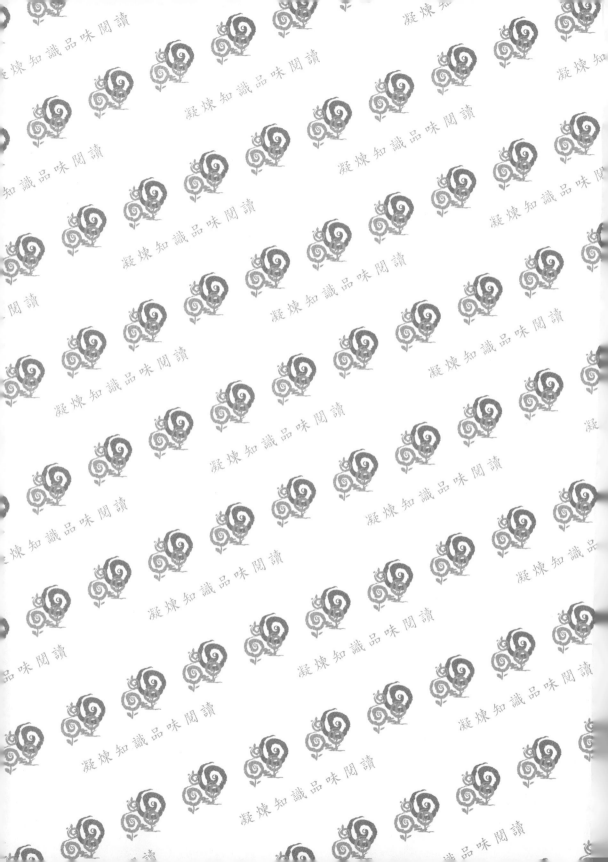

圖解

五南圖書出版公司 印行

方針管理

陳耀茂 / 編著

閱讀文字

理解內容

觀看圖表

圖解讓
方針管理
更簡單

序言

　　「維持現狀就是落伍」而「突破現狀才是進步」，今日企業的競爭愈形激烈，欲在激烈的競爭舞台中脫穎而出成為真正的贏家，唯有突破現狀，方針管理的實施正是突破現狀的作法。

　　實施方針管理有許多好處，以下列舉幾項說明。

1. 經由方針管理的實施而能統合全公司的目標。

2. 方針管理可提高企業內各部門的業務品質，有助於培育人才。

3. 利用方針管理來推進，能提高目標達成度，系統也較完備，也可建立企業在將來發展的基礎。

4. 健全企業的體質，增強企業的競爭力。

5. 確保品質、成本、生產力之優越地位。

　　方針管理不是管理方針，而是以方針來管理。管理方針是重視結果，而以方針來管理是重視過程。過程的管理其重要性尤勝於結果的管理，因為有良好的過程自會有良好的結果，若只重結果而不重視過程，只會產生見樹不見林之憾。

　　方針管理雖然是從高階去展開方針，而其展開的方法則依公司的規模、組織型態而有所不同。由於無法對各種場合去記述，因之本書設想一個簡易模式，來說明方針的展開。

　　所設想的模式如下：

1. 製造業。

2. 作業員人數五千人左右，在全國中設有事業部。

3. 組織線是總經理－事業部處長－部經理－課長，以此流程展開方針。

　　特別是 3. 的組織線如與讀者的公司不同時，可將此組織線換成自家公司的組織線來閱讀即可。譬如，將事業部處長換成廠長或分店長，課長換成所長等即是。

　　如本文中所記述的，「方針管理的方法並沒有一定的作法」。縱然沒有方針管理的標題，但本質上也有獨自發揮如本書所述的方針管理之機能的企

業。不管管理的稱呼如何，獨自創出合乎公司實情的經營管理方法是最理想的。

　　方針管理在戰略經營的推進上想來是非常適切的方法。因為可以將戰略的重點當作方針來展開。而且，在展開途中的各組織階層裡，對於時時的狀況，在戰略、戰術上可以悉心研擬創意。因此，對於企業內以戰略的實現作為目標的擔當負責人來說，也是非常有效的手法。又，以簡單的使用法來說，也可活用在部、課的課題解決，或課長培育課員的在職訓練（OJT）上。

　　本書是一本很好的方針管理實務書，有別於一般只重學理而不重應用的教科書，從方針的展開、方針的設定，到評價、診斷均有詳細的說明。雖然本書所假想的對象約為五千人左右的企業，在日本此種大型企業較多，而在國內仍屬少數。雖然規模不同，但仍可參考其作法，修正成自己能用的方法才是正確的，因為任何的管理方法均應權變而非仿製。

　　總之，引進適合企業實態的方針管理的推進方法，一面掌握問題點一面進行改善，以達到高水準的方針管理才是正途，亦即方針管理是一面轉動PDCA 的管理循環一面盤旋而上的。如所周知羅馬決非一天所造成的。

陳耀茂謹誌於
東海大學企管系

CONTENTS 目錄

第 1 章
何謂方針管理

本章内容

1.1 方針管理的意義

1.1.1 方針管理是一句難於理解的用語，這是做什麼的？

所謂方針管理是「以方針去管理」企業裡的經營活動。「以方針去管理」並非是「管理方針」，表面上雖有些類似，但意義卻是不同的。這是說首先要有方針，並以此方針去轉動管理循環之謂。乍見似乎是不易理解內容的用語，以日文來說並非是很好懂的用語。

可是，方針管理這句話卻使用得相當的普遍，所以仍決定用此說法。

那麼此處稍加說明方針管理。此處所說的方針，是敘述欲達成企業的經營目的所需的「基本方向」與應達成的「程度」（量），以及達成此「目標」所需的「方案」。

上面「以方針」是具有如下之意義的，即：

「決定企業的『基本方向』與應達成的『目標』，以及達成此目標所需的『方案』。」並且，「去管理」是指：

「使計畫、實施、查核、處置的管理循環轉動。」

將方針管理的循環加以圖解，即如圖 1 所示。

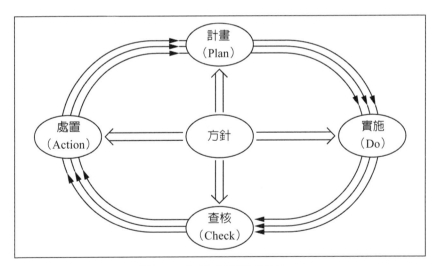

圖 1　方針管理的循環 (1)

又，也可以表示成圖 2。

由以上的說明，大概可以掌握方針管理是做什麼的。

關於方針管理具體言之是做些什麼，就容後敘述吧！

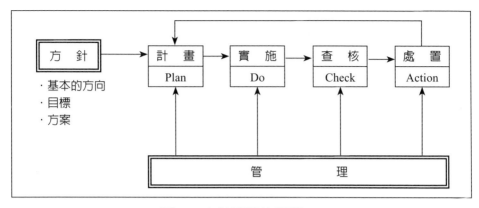

圖2　方針管理的循環 (2)

1.1.2 在企業中實施方針管理的意義有哪幾點呢？

實施方針管理的意義，有以下幾個項目。

1. 進行全員參加的經營。
2. 每個人在管理的執行上，要求須思索、創造、動腦筋。
3. 謀求提高管理的生產力。

就 1.「全員參加的經營」加以說明。方針管理這句話是由兩個單字所構成的。亦即是「方針」與「管理」。對此兩個單字的概念附加若干說明。

此處談到方針是指誰的方針呢？這有「總經理方針」，也有「事業部處長」、「部經理」、「課長」的方針，以及「股長、職員」的方針等。大方向的方針雖由總經理提示，但只要在其範圍內，各組織的階層中仍有相當的自由度。方針這句話的概念如解釋成「由上面來束縛」的意思那就不對了。也就是說，雖然提示有某方向，但並非是拘束工作人員。

其次談的是後半的管理，從管理這句話的概念來說，讓人有種認為那是有組織地處理人的事情，但此處的管理意義並非完全那樣，基本上是表示各人自主的轉動「計畫」、「實施」、「查核」、「處置」的循環。

由以上得知，所謂方針管理絕對不是由人來監督管束人，而是全員一面配合總經理的大方針，一面提出各自的方針，每個人都身為「迷你經營者」，以「大家一起來參加經營」作為目標。

而 2. 是「每個人須思索、創造、動腦筋」，方針管理在性質上，若大家都不去動腦筋、想辦法，管理循環是一點也不會動的。以往公司的方針只是由總經理提出，後面的人依照著去做，那樣或許是可以的。但是，如今只依靠總經理思索的時代已經結束，為了應付現代的複雜市場環境，應寄望全員

貢獻智慧才行。

最後對「提高管理的生產力」加以說明。經常在生產面上聽到「提高物的生產力」，但是「提高管理的生產力」就不太常聽到。可是在現代的經營管理中，不僅是提高硬體的生產力，就連提高軟體的生產力也要賦予關心。衡量管理的生產力是非常困難的，即使是著者所屬的日本生產力中心也還未確立衡量方法。可是，我們卻能從經驗感受到生產力高的管理與低的管理是有所不同的。「生產力是生產諸要素的有效利用之程度」（歐洲生產力中心）。人活用智慧將物、錢、情報統合時，管理的生產力就會提高。

再者，剛剛敘述的全員參加的經營，與各人思考研疑創意，對各人來說，正是提高勞動生活的品質，使人活得像樣些的證明。生產力中心展開的生產力運動的現代意義，在於追求「效率性」與「人性」。因此，當思考方針管理的意義時，這也是吻合生產力運動的目標。

1.1.3 請就方針管理活用的方法加以說明。

方針管理有以下五種情形。

1. 是總經理方針，由整個公司來活用。

爲謀求整個公司能提高管理的生產力，以及能有系統的結合全員的智慧，在達成經營目標方面是非常有效的。

而本書正是以此種情況來寫的。

2. 是事業部處長方針，限定在事業部內活用。

雖然只在事業部內進行，但事業部處長只要妥善擬訂方針，並確實轉動P─D─C─A，即可發揮確切的有效性。以往在全國有分店的某公司，由人數最多的 N 分店先以分店長方針開始實行方針管理，之後再發展成整個公司的規模，也有如這般的例子。

3. 是部經理（課長）方針，限定在部（課）內活用。

由某一位經理（課長）學習方針管理，並應用在部（課）的業務推進上。

4. 活用在企業內企業與組織的活性化上。

現在盛行所謂的「企業內企業」與「組織的活性化」，當以專案小組或課層次向這些挑戰時，方針管理非常有效。要在公司內興起企業內企業時，方針管理從它的特性來說不正是最合適的手段嗎？又以組織活性化的手段來說也可發揮力量。爲了使組織活性化，了解組織的共同目標是什麼，爲了達成目標課員全員思考，設立能創造的場合是有需要的，在這方面方針管理可以說是很好的手段。

5. 在 OJT 中活用。

再附加一點，方針管理可以利用在 OJT 上。今設若課長及以下課員全員

聚集一起舉辦研修會。將空白紙分發給課員們，以條文的方式請他們寫出課長本年度的方針。每一位課員所寫的結果，與該課長寫在另一張紙上的課長方針，大多有相當的差異。由課長向課員以文書提示方針，以此為基礎讓每位課員將自己的目標與方案寫在一張規定的方針書上，再與各人進行面談，這以 OJT 來說是非常有效的。在 4 月分一開始就讓課員作出一年內的方針書，由課長進行面談、提出建議，大約三次左右的重複修改後，最後再定案。並且，於第三個月、第六個月、一年後來進行面談與查核、處置。也有像此種使用方針管理的方式。

方針管理有 5 種活用法。

1.2 方針管理的目的與所期待的效果

1.2.1 方針管理的目的爲何？

　　企業爲了達成經營目的，應決定適切的戰略目標，進行有效的經營管理活動，並且設法推進有效率的作業活動。

　　爲了維持這些活動的水準並謀求高度化，須將人、物、錢、情報組合起來並採取種種的手段。

　　像是戰略、方針的設定、組織的改革、工廠設備的汰舊更新（Scrap and build）、製造技術的革新、OA 大廈的建設、新產品開發、人才的採用與配置等。

　　並且把這些人、物、錢、情報的組合，完全利用人的活動來進行。

　　將焦點對準這些「人的活動」，來決定目的即爲方針管理。以下提出六點來說明。

方針管理的目的

1. 利用全員參加的經營，謀求高階方針的實現。

　　配合高階的基本方針，由全員一起參與，思索、創造各自的方針、方案，推進每日的業務活動。

2. 朝向經營目標，採取重點導向的想法與行動。

　　經營資源（物、錢、情報）是有限的。將有限的經營資源重點分配，把業務與改善、革新加上優先順序，設法使重點導向的想法與行動習慣化。

3. 強化整個組織的有機性關聯，以整體性的構造變革爲目標。

　　考慮部署間的合作，以全體的期望方向來應付環境構造的變化。可以說是重視系統研究（目的性、相互關聯性、整體性、環境適應性等）。

4. 使目標與任務行動明確。

　　當方針成爲各人的行動指針之同時，也要使目標與任務明確。

5. 使工作改善或革新的方向明確。

　　日常工作的結構方式與其方法等，也可藉著方針的清楚明示使得改善的行動基準變得明確。又方針具有彌補改善情報不足之功能。如果方向明確的話，即使情報稍許不足也可踏出行動。對於管理的方法、制度、組織的應有姿態，也是想改善的地方。

6. 尊重個人的自主性，獎勵各人的思索，期待創造性的發揮。

　　方針原本具有由上而下（Top down）的方向性，方針雖是表示經營活動的基本方向，但決不是下達業務命令。各現場裡的工作方法、進行方法是委

決於各人的「自主性」思索以及「創造性」的發揮。認識此事，然後全員經營方能成立。

1.2.2 方針管理所期待的效果為何？

方針管理所期待的效果有以下幾點。

1. 戰略經營的推進。能將戰略、戰術當作業務在實務上加以推進。
2. 踏實的提高企業業績。能夠有計畫性且踏實的達成目標。
3. 職員的能力開發。每個人能善加考慮進行創造性的工作，並且能培養合乎目的進行工作的習慣。
4. 公司內的溝通，因上下與部門間的商討增加，使意見溝通變得良好。以往因工作的關係從未商談過的部經理們開始商談起來。
5. OJT 變得活躍。方針管理活動的實務本身，即可原封不動的成為 OJT。
6. 以上的結果使職場活性化。每個人皆生龍活虎的在工作。

以下是引進方針管理第一年的 A 公司（員工 4500 人），向體驗實施方針管理的部、課長蒐集意見之後，整理成下表以供參考。每一者均是從實務上指出來的，特別是對於今後想引進方針管理的企業來說，可供參考之處甚多。

表 1　方針管理實務推進中的優點、缺點

優點（%）	缺點（%）
1. 在考慮方針、目標、方案上是很好的方法。　（92.4%）	1. 會議的時間增加。　（88.0%）
2. 可適切考慮方針、目標、方案。　（91.3%）	2. 處長、經理、課長的方針展開花費時間。　（77.0%）
3. 依據自己負責的部、課的實施項目，各人的責任變得明確。　（90.90%）	3. 有難於適用的業務。　（67.5%）
4. 整個單位以一個組織體來學習。　（89.2%）	4. 事務量增加。　（64.0%）
5. 透過方針展開加深工作的理解。　（87.9%）	5. 在達成自己的目標上手段（重點方案、實施項目）有遺漏。　（63.1%）
6. 組織的溝通變好，特別是部課長之間。　（86.5%）	6. 提不出創意。　（63.0%）
7. 認識 PDCA 且能轉動。　（84.5%）	7. 自己的目標值不適切。　（62.0%）

優點（%）	缺點（%）
8. 能用於目標達成。（84.5%）	8. 自己的目標值與現狀不吻合。（62.0%）
9. 能妥切理解工作的架構、方法。（83.7%）	9. 處長、部長、課長的方針展開困難。（59.3%）
10.業務執行的結果明確。（79.3%）	10.自己的重點方案不適切，部下未能充分理解。（53.4%）
11.認識管理項目是維持改善業務上所不可欠缺的。（98.9%）	11.管理項目難以決定，表現不適切。（35.0%）
12.各人具有責任。（77.4%）	12.管理圖不易使用。（29.5%）
13.了解權限的不明確。（62.0%）	13.對方針管理的學習不夠。（24.0%）

註：1. 以上是以各部課長的立場所寫的。

2. % 是表示該項目解答數占解答總分數的百分比。

第 2 章
方針管理引進的重點

本章內容

2.1 方針管理引進的想法與檢討事項

2.1.1 為了順利的引進方針管理，請說明基本的想法。

這有兩個概念，以下分別說明。
1. 要具有建立自家公司獨自的方針管理體系之心理準備。

在現階段方針管理（論）並未建立出完整的理論。並且，在實務上也沒有一定的格式。因此，不可一味模仿其他公司的方法，應配合自家公司的實情，去創造出獨自的方針管理體系，要具有此種的心理準備是非常重要的。經由嘗試錯誤自己一面想一面進行的方法，終究是一條捷近。至於蒐集其他公司的事例應適可而止。
2. 對以往之系統的重估、檢討，基本上以「一面做一面想」的姿態去進行。

引進方針管理並加以運用時，關於以往之組織機能的分擔、業務的方法、權限的所在、職務分掌等，將會出現無法順利進行的場面。

在邏輯上，事前將所預測的不順利處全面改革之後，然後再引進制度，以此角度來想似乎較好。可是，在經驗上並不然，經最少程度的檢討後即引進運用，然後一面轉動管理循環再慢慢修正的作法，比較實際而且有效率。以「一面做一面改」的態勢去進行來想比較好。

2.1.2 在引進方針管理之前，應檢討的事項最少有哪些？

有兩項，以下分別說明。

1.職務之「命令系統」的明確化

方針、目標的設定，雖然原則上應由總經理開始，然後沿著組織一直下來。但在職位低於總經理三、四級的中間管理者的命令系統裡，也有仍未確立「一職務一命令系統」之原則的情形。這時，該管理者會對於應使二位上級的哪一方針為優先而感到苦惱。特別是在複數個上級方針之間缺乏整合性時，方針管理的運用就會變得困難。因此事前商討使命令系統明確是有需要的。

2.職位之「任務、權限」的明確化

展開方針之際，若職位裡的任務不清楚是沒有辦法進行方針展開的。在複雜的日常業務裡，如想將任務明文化時，意外感到困難的職位也有。並非是對所有的業務，主要的任務是與上下左右進行溝通，使之明確，並取得同意。任務如果清楚時，權限也就自然會明確。

同時職務分掌規定不清楚的地方要先加改訂。特別是在幕僚關係、總公司業務關係中，最好採取事前處置為宜。

2.1.3 在運用方針管理方面，應檢討的事項有哪些？

關於此有五點，以下分別說明。

1. 機能構成表的作成與機能的配備
經營機能有以下幾種。
(1) 長期經營計畫（戰略經營計畫）。
(2) 技術、設計。
(3) 生產。
(4) 安全。
(5) 成本管理、降低。
(6) 研究開發。
(7) 行銷。
(8) 總務、人事。
(9) 財務。
(10) 關聯公司管理。

由方針管理的特性得知，在其運用進行之中要找出所需之機能（對目的而言各業務的功能），例如發現目的不清的機能、欠缺的機能或是必須新設的機能等。

待期限一到，即進行全公司的機能重估，重新檢討機能構成，謀求充實機能別管理。

2. 組織、機構的重估
當機能如果配備時，其次以整個公司來配合所設定的戰略經營，進行組織與機構的重新編成。為了應付變化的環境進行人力資源的重點配置，以及因應狀況進行機構改革。

3. 業績評價、人事考核的體系重估
方針管理是實務性的。並非是有了實務才有方針管理的存在。如果方針管理的實務推進落實的話，其次才能進展到業績評價制度或人事考核與方針管理之銜接的課題上。但是，方針管理在進行業績、人事的評價上，想來並非是適切的系統。

4.情報處理系統的配備與確立

　　各事業部對主要機能採取何種方案或者未採取呢？如能在終端機的顯示幕上一目了然的話，整個公司在機能上即可獲得非常大的充實。

　　掌握方針管理的進度狀況與方針診斷，預料在總經理室進行的時代即將來臨。

　　但是因爲現場才能反映眞實，所以由總經理親赴現場來進行的總經理診斷也不行沒有吧！

5.推進組織的主體之變化

　　最初由中央推進組織、推進事業部的「幕僚主導」之情形甚多，但最好慢慢成爲「職務主導型」爲宜。

　　方針管理應與通常的業務一樣看待去實施。

　　可是，各種主題的探求已高度化、專門化起來，所以應謀求管理職與幕僚的高度化，並應充實教育內容。

引進方針管理的想法與注意事項要多加考量。

2.2 方針管理中高階的任務與管理者的任務

2.2.1 方針管理引進時與方針設定時，高階的任務是什麼？

今分成方針管理「引進時」與方針「設定時」兩方面來說明。

1.方針管理引進時高階的任務

引進「革新」經營管理的方針管理，其成功與否可以說取決於高階的態勢。

(1)引進方針管理之際，須發揮由上而下的強力領導力。

許多的管理人士相當保守，本能上並不喜歡將新工作的作法由上而下強壓下來。何況是方針管理對於一向沉溺於從事溫性工作的人來說，自己的實力有多少立即原形畢露，所以並不喜歡此種經營管理手法。甚至連董事級的人也有出現抵抗引進方針管理的情形。

若想排除反對，只有靠總經理的堅決意念了。

從引進方針管理到穩定落實為止，最快據說也要花上三年。光是「宣言」的引進制度，可以說無法有效推進業務的。由引進到穩定的成功與否，取決於高階對方針管理的深刻了解與強烈的耐心與熱誠。

(2)方針管理引進後不管是正式場合或非正式場合，都要不斷的討論方針管理的推進情形，除了表示出高階的實施決心之外，也不要忽略了向事務局的人多加「鼓勵」。

對方針管理的引進，以無言的態度抵抗在短期間內是不會結束的。為了讓所有管理職自主的參加，大約要花上六個月到一年的時間。為了進行經營管理的革新，這是理所當然的。因此推進事務局的經理、課長常受到多方面的壓力，所以發生胃痛的情形時有所聞。如何支持他們不要放棄，可以說需要高階的一句激勵。

2.方針設定時高階的任務

(1)在全公司方針的決定過程中，高階管理者（Top management）是主導，最後由董事長方下決斷。

情報、意見雖由下級組織多方面輸入，但最後的決斷是由高階來進行。而方針的基本方向、努力的重點等並非是蒐集下級的意見，應以經營者獨自的判斷來決定。

可是，至決斷為止，公司內外的情報、意見，並非只是聽取聲音大的人即可，應保持均衡的來蒐集是非常重要的。為了蒐集適切的情報，也可從公司內外不拘於頭銜大小，尋找個人擁有在經營直覺（Sense）、情報知覺上優

越的人也是一種方法。

(2)在年度方針決定之前，須先決定經營戰略的架構與基本方向。

　　方針並非只是方針如此般單獨地存在，有許多可以說是表現本年度中公司戰略經營的目標方向。以方針設定之前提來說，高階明確決定戰略的架構與基本方向是有需要的。高階經深思熟慮之後設定重點課題，並對擁有的資源分配下決斷。

(3)在決定方針以前，要不斷的溝通（Communication or Catch ball）直到下級理解為止。

　　最後在高階的決斷下，決定了重點方針與目標，但為何會作出如此的結論呢？必須以邏輯與熱情充分加以說明才行。以目標值來說，將下級組織在強迫下所提出的數字，再增加幾成來決定是目前一般的作法。可是，它的根據是什麼？不論在感情上或是邏輯上也好，直到各部門理解為止之前，負責提出說明是高階的任務。

　　這可以說是在方針（目標）決定中董事最重要的任務之一。如果疏忽此過程，實行部隊會意氣沮喪，激不起挑戰的意願，於開始之前就對目標值已死了心。

(4)平常要經常行走現場，以自己的眼睛與耳朵接觸活生生的事實，由此指出本質上的課題。

　　經營者與一般職員，其對於事物的看法多是不同的。部課長看不到的地方，總經理或許可以看得見吧？現場裡可以說大多有答案的。以銳利的眼光好好觀察現場，並且虛心坦懷的聆聽現場真實的心聲，找出還未發生的未來問題。

(5)適切掌握去年不佳的狀態，將該對策的基本方向放入下年的方針中。

　　如果一直持續三、四年，且每年都出現相同語句的方針，在環境變化激烈的今天，想來畢竟還是不行的。掌握去年不佳的地方，指示下年度行動的重點，這也是高階所要做的事情。B公司以前方針管理未順利運作時，只對一年後的結果提出置評，並未著眼於對方針管理的過程進行評價，毫無疑問的每年當然只有提出相同的方針了。

(6)方針的文章表現，如果是放入高階的價值觀與意願的話，有少許的曖昧是沒有關係的。

　　經常有總經理表明「白」且對傳達發布也投入了心力，但到了末端組織卻被理解為「灰」的情形。方針雖然是要讓任何人都能容易了解，但是高階的表現也有不得不具抽象性、哲學性表現的一面。如果想要將它明顯表現時，反而是造成錯誤的根源。高階只要將價值觀、經營的觀點予以列入就行。高階方針的解釋與下級組織的傳達是部課長的任務。

(7)在有關全公司方針的重點方案裡，各董事具有監督責任項目之同時，也

具有執行實行項目（方案）的責任。

董事級只給下級目標，之後什麼都不做是不對的。應活用豐富的經驗與實力，各董事具有能對全公司目標有所貢獻的實行項目是理所當然的。應該要有只有董事才能完成的至高項目。

2.2.2 在方針管理中管理者的任務中有哪些？請以事業部經理的立場來說明。

按 P－D－C－A 列舉任務如下。

1. 在高階的「長期經營計畫」設定中，提供有關方針的情報與意見。
2. 在高階「年度方針」制定中，提供情報與意見。

以上兩個是透過事業部處長來進行。但是，自己的情報與意見不一定會原封不動的到高階那裡去。

3. 長期經營計畫及年度方針設定後，對方針的理解與解釋，以及如何向部下傳達。
4. 經理方針的設定與展開的指示。因之由上下左右取得情報，以及與上下的溝通是需要的。
5. 課長於設定方針時給予商討與建議。
6. 於方案實施階段中，有關方案進度、目標達成度的查核與行動，須與上下左右溝通，如有需要須進行會議、個人面談。
7. 對於目標與方案的實施結果進行經理診斷。
8. 接受事業處長的診斷。
9. 在總經理診斷裡的補助說明。
10. 各診斷後的追蹤。

其中以方針管理的日常活動來說，重要的有上述第 6. 項方案實施中與課長級的會議、個人面談。如果能確實進行此事時，應可達成相當的目標。課長的任務可依照前記事項，故請參考之。

在方針管理中管理者的任務有哪些？

2.3 方針管理中推進事務局的任務

2.3.1 方針管理中，推進事務局的組織構成與任務情形如何？

　　方針管理一般由引進總經理命令，然後全公司展開、推進。方針管理的體系是非常單純的，但在引進時全公司會發生相當的困惑而不知如何是好，此時在引進時可設置推進事務局。

　　在推進事務局之上設置方針管理中央推進委員會。其中主任委員由總經理擔當，委員則是副總經理、常務董事級，雖依公司而異，但三～五人左右大概就可以了。

　　體察中央推進委員會之意，處理事務的是推進事務局。在構成上由副總經理或常務董事級擔當事務局長，在實務上的推進負責人是部經理級，其他的構成人員尚有課長、股長、中堅幹部。成員的人數依公司的規模、高階的想法而異，譬如一萬人規模的公司約五名到六名，三、四千人的公司約三、四名，如果是三百人以下的公司時，只有常務董事與課長二名的例子也有。此事務局的每一位成員至誠的效力，方針管理自然就會生根起來。對新的制度常會有抵抗，所以最好高階要強而有力的支持才行。

　　方針管理最初可用集合研修及職場活動兩大支柱來推進，而研修也是非常重要的課題。

　　以下列舉推進事務局的主要任務。

1. 設立方針管理推進的組織。如中央推進委員會及總公司、事業部內的推進組織等。
2. 方針管理的年間計畫作成。
3. 方針管理的體系與方法，以及格式的決定。
4. 向整個公司進行啓蒙與普及。因之須企劃、立案、實施方針管理研修。對象是董事及管理職，一次約二十名～三十名，在演習中心裡需要三天二夜。
5. 在實施階段中的指導與援助。以盤桓住宿的方式巡迴各事業所。
6. 診斷的準備與指導。在總經理、事業部處長診斷中要列席參加。
7. 總經理診斷後的追查。
8. 下年度的計畫作成。
9. 有關方針管理推進的宣傳。經總經理診斷後，應將全公司共同指摘事項等予以周知。

　　藉著方針管理的引進，而想革新整個公司管理職的管理行動是一件非常不容易的事情。推進事務局要有使命感，並且方針管理直到穩定落實最快也要

三年，所以要以勿躁勿餒的心境來推進。

其次對事務局擔當者的選定加以說明。

如果是廠商的情形時，有生產經驗的人，也就是有現場經驗的人，以及在全國面子廣的人，譬如有參與協會公會經驗的部、課長等最爲理想。此外，學習的意願需很強，能邏輯思考、對指導的工作喜歡並且性格樂觀，當然身體健壯也是需要的。

2.3.2 在以整個公司的規模上，若想圓滑的推進方針管理方面，推進事務局有哪些要留意的地方？

有以下兩點。

1. 想要圓滑的推進方針管理時，在總經理－事業部處長－經理的組織之中，掌握關鍵的是事業部處長。不管總經理多麼熱心，只要在地域上遠離總經理的事業部處長提不起勁時，即使事業部中的經理、課長有少許的幹勁，仍難以順利推進。

   爲了不致於如此，事業部處長在事前須參與研修之外，也應好好傳達總經理引進方針管理的眞意，取得充分的理解與同意是非常重要的。並且，對於方針管理的進行方法也要進行體驗演習。除了理解內容之外也要使之體驗，當體驗之後才會出現幹勁。

   推進事務局應了解成功的關鍵在於事業部處長，應向事業部處長提供萬全的服務。

   然後，應讓事業部處長率先在事業部中推進方針管理。當事業部處長了解方針管理的方法，並具有幹勁，則該事業部自可放心。

2. 在現場的作業中，應顧慮到方針管理的格式須使記入的事務負擔要最少。

   經常說到「紙上作業」，原本問題點的解決是目的，若不知不覺之中本末顛倒，只熱心於將問題解決記入到表單上，於是表單的厚度一味增加，實際的問題解決並未進展。

   方針管理一旦要記載的話也是非常難的。加之，如果所決定的格式甚爲複雜，要全部記入是非常苦惱的。如果記入到格式上要花費甚多的時間，則原本的實行業務，譬如營業等時間就會受到影響。這樣一來就不是提高業績的方針管理，因爲光是文書就令你夠忙而變成表單方針管理了。

   推進事務局要開發能不花時間而且容易理解的簡潔格式。

   可是方針管理所需的項目不少，一旦記入時，就會花費相當的時間。對於這方面的事情，要先取得負責記載一方的管理者諒解。

Note

第 3 章
方針管理的體系

本章內容

3.1 方針管理的循環

3.1.1 何謂方針管理的循環？

方針管理循環與其他的管理循環相同，皆由以下的循環所構成。

1. 計畫（Plan）。
2. 實施（Do）。
3. 查核（Check）。
4. 處置（Action）。

藉著轉動此管理循環來達成經營目的。

方針管理的循環以圖示即如下。

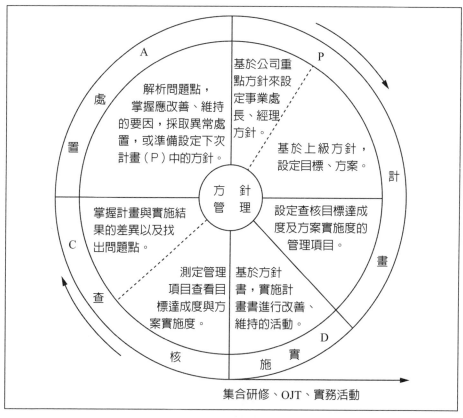

圖3 方針管理的循環

3.1.2 方針管理全部以一年當作一個循環來進行嗎？

方針管理的循環並不一定以一年來決定。

依該企業的特性，將認為最適切的期間當作一個循環來營運。實際上也有以三個月或六個月當作一個循環來進行。

但是，當一個循環的期間太短時，若需要有某個程度期間的計畫就難以立案，或者只能考慮眼前的事項而已。

又，如果一個循環的期間太長時，將來的問題含有甚多的不確定因素，則難於訂立確實的可行計畫，因而降低方針的達成度。

為了事前防止這些情形發生，應好好考慮公司的特性與實情，再來決定一個循環的期間。

另外，與此方針管理循環期間有所關聯企業的高階及上級管理者，亦應在長期（一般是循環期間的二～三倍程度，參照公司的長中期經營計畫）的展望下，擔當方針管理展開是最理想的情形。此事與決定循環期間均是非常重要的。

3.1.3 請說明以一年作為一個循環的方針管理循環例。

以下試舉一例說明（請參照圖 4）。

請由此圖了解以一年作為一個循環的方針管理循環。

為了容易由圖掌握概要，在此補充說明以下事項。

1. 此企業的一年是由該年的 4 月到隔年的 3 月。
2. 其中在高階的年度重點方針裡，包含重點方針與目標。
3. 事業部處長、經理、課長的各個方案，意味各階級的方案。
4. 有關方針管理的定期實施狀況報告及其查核。以處置來說，課長－經理每個月，經理－處長每二個月，處長－總經理每三個月（四半期）來進行。
5. 方針診斷則是總經理與事業部處長一年進行兩次（關於方針診斷的內容，參照本書第 6 章方針管理診斷的重點）。

此時，第六個月的定期狀況報告等也同時進行。

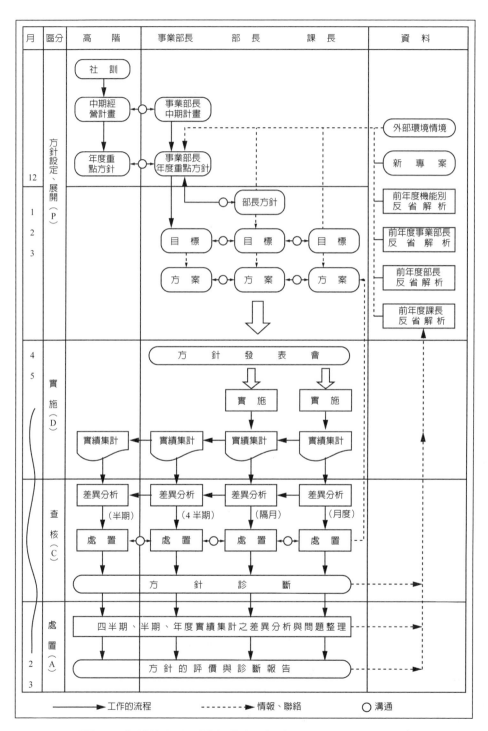

圖4　方針管理循環例（以一年當作一個循環期間）

3.2 方針管理運用的要點

3.2.1 請說明方針管理運用的要點。

方針管理運用上的要點，依企業的規則、事業內容、組織的特質等而有所不同。此處列舉所有企業其共通的要點來說明。

1. 高階及管理者應以持續且果斷的態度（幹勁）來實施方針管理。關於此，以下兩者是非常重要的。
(1)在高階及管理者方面，對方針管理的重要性與實施要有充分的認識及同意。
(2)基於此，高階及管理者要率先垂範，發揮其強而有力的領導力擔負運用之責。
2. 在方針管理運用上，要決定最少限的規則（譬如，方針制定、查核、報告、處置等的時期、方法的規則化）並加以遵守。
高階與管理者要確實的去遵行所決定的規則。
3. 方針（重點方針、目標、方案）是首先要決定重要的事項，其次安排優先順位，再去轉動方針管理的循環。
雖要做的事項有很多，但要注意不要流於五花大綁，應集中於重點，踏實的去轉動管理循環。
4. 管理者要將公司與部門的方針、價值觀詳細加以解釋，使之容易了解，尋找機會設法向部下傳達。
將高階的哲學與想法，以簡單明瞭的方式加以解說並向部下傳達，是董事及管理者的重要任務。此事要充分認識才行。
透過會議、朝會、公司報紙，或訪問事業部、部時，利用演講等正式場合，以及與部下喝酒話家常時的非正式場合等，儘可能掌握機會，傳達公司與部門的方針與價值觀。
5. 於計畫階段好好確認並掌握重點方針、目標，推敲達成目標的方案至為重要。
6. 當決定了重點方針、目標、方案的話，此後的運用權限要儘可能授權給下級，寄望實施負責人的自主性與創意。
但是，方案的實施執行責任，雖在於實施負責人，但是它的監督責任卻在比實施負責人高一級的人員身上。在履行監督責任方面，要讓實施負責人提出報告並加以確認的過程是不可欠缺的。
因之，有目標與方案的管理項目，應依所決定的方法、資料等進行查核。
如有異常，監督負責人要採取處置（Action）。

7. 實務上 P—D—C—A 之中，較重視 P 與 C—A。

此時，管理循環著眼於 C，強調由 C 開始的 C → A → P → D 之觀念。

(1)在實務上，只有 P（計畫）是無法實施的，或者即便進行到 D（實施）也常見到中斷的。像此種時候 C（Check）與 A（Action）均未採行，只觀察及評價結果，就移到以下 P（Plan）的事例，在周邊有沒有呢？

如果未實施此 C、A，就毫無實施方針管理的意義可言。

(2)上級管理者對於未實施、中斷方案等，欲想了解正確狀況時，不採正式的方式，而越過擔當的管理者，改由該方案的實施擔當者來獲取情報，以此種掌握事實較為容易的情形也有。

(3)照這樣一來，對於未實施或中斷方案來說，即可循著由複數個地方蒐集情報、意見。藉著上下左右的溝通、要因探求、方案重新檢討、構想會議等本來過程，來採取適切的處置。

如果疏忽此事，那麼光是在期中達成目標就顯得有些困難。沒有方案就沒有目標的達成可言。

(4)確實進行 C、A，至少因同一原因發生相同的現象、事故之情形，使之不要發生（再發防止）。

8. 管理循環（P—D—C—A）要在管理業務的所有階段中，以及在多種的時間幅度中使之轉動才行，然而小且快的轉動是運用的重點。

從查核（C）、處置（A）到以下的計畫（P）、實施（D）使之快速轉動，可防止機會損失，也可期待成果。

當時間增長，查核（C）、處置（D）就會變得含混模糊，責任也會隨之消失。如果它能持續轉動，就會使公司的體質增強。

9. 實施中途查核（Lap）的管理。

Lap time 是游泳競賽的中途計時用語。所謂 Lap 管理是指在中途的各時點進行查核、處置之謂。當專案歷經長期時間時，不時的查核中途各時點的管理項目，是成功所不可欠缺的。

當專案或計畫未能順利進展時，若直到最後的單位期間才明白則已為時已晚了。

為了能及早採取所需對策，Lap 管理是非常重要的。

10.舉辦方針管理合宿發揮強而有力的力量。

將組織視為總經理—事業部處長—部經理—課長時，方針管理的成功與否可以說取決於事業部處長。如果，事業部處長率先實施一年二～三次的一～二宿的事業部方針管理合宿時，則可期待獲得甚大的成果。參加者是事業部處長與各部經理。譬如，開始實施年度的方針管理三個月後，就要進行前面的評價與反省，然後以剩下的九個月為對象，就方針的展開與設定進行修正、改善。

3.3　機能別方針管理

3.3.1 何謂機能別方針管理呢？

1. 機能別管理的想法

　　以機能別管理的起源來說，可以說是美國經營學始祖 F. W · 泰勒的職能別領班（Functional foremanship）制度。此制度是將管理機能分成八個並予以專門化後，配屬具有各機能責任的領班。以往的軍隊式組織是在某產品的製造工程中，一位領班必須就整個工程加以觀察，可以將此分成作業指導、成本、時間、指圖單、順序、準備、速度、檢驗、修理等九個機能之後，各個機能的領班即可進行複數個產品的製造工程管理。

　　機能別方針管理的想法，並非是直線別，而是以機能別的觀點去考慮，在這點想法是相同的。

　　此處，試考察企業的經營管理機能時，可以分成四大機能。亦即，計畫機能、組織機能、實施機能、控制機能四者。將這些再加以細分，以中機能來說可以想出如下之情形。

　　以計畫機能來說有總合經營、研究開發；組織機能有總務、人事、管理；實施機能有生產、銷售；控制機能附帶有各自的中機能。將中機能分割時，譬如在製造方面即變成生產計畫、資材採購、製造、檢驗等小機能。此處如所發現的，現代企業的「部」與「課」，係以前面的中機能與小機能的水準所形成。此企業的部與課原本是按機能別所形成的，然而一旦要去進行方針管理時，利用此靜態的組織部門管理，亦即只利用部門別管理，了解到無法充分發揮種種的機能。因此，才出現機能別管理的課題來。

　　機能別管理一般係利用各種委員會、專案小組等來進行。

2. 機能別管理與部門別管理之關係—事例

　　請參閱機能別管理與部門別管理之關係一覽表（圖5）。

3. 機能別管理的進行方法

(1) 各部門進行預定、實績的差異分析，查明部門重要問題（年度末）。
(2) 整理成機能性問題一覽表（QCDS）。
(3) 設定機能別管理的目標與方案。
(4) 在既存的組織構造上分配 (3) 的目標。
(5) 如有需要，進行組織架構的改革。
(6) 如有需要，在機能上修改高階管理的決策架構。

(7) 方針、日常管理的實施。
(8) 比較全公司的機能別目標與實績統計，轉動機能別管理的循環。

部門\機能	總合企劃	營業	製造	事務	技術	海外	開發	勞安
品質	○	○	○		○	○	○	
成本	○	○	○	○	○	○	○	○
工期	○	○	○		○			
安全			○			○		○
開發	○	○			○		○	
人事	○		○	○	○	○		
營業	○	○	○		○		○	

‧ ○是表示機能上有關的部門。
‧ 本圖只是一個例子，依課題之不同，○之有無也有所不同。

圖5　機能別管理與部門別管理的關係

在 K 建設公司的 S 分店裡，分店長曾與直線的八名部經理合宿進展此機能別管理。當時，才了解到土木經理與建築經理的商談甚具有意義，特別是關於營業上的問題。以往的承包活動，A 土木經理與 B 建築經理自兩人就任 S 公司的該職位以來，從未商談過。各經理同仁之間即使有互惠（Give and take）的方案，或許也是一種獲得而非損失吧。

組織可以說是一種障礙。因組織與組織之間，似乎有物理上的障礙，會使情報的往來與意見溝通減少。而方針管理是強調部門間橫向的溝通；機能別管理則是橫向夥伴協力進行的一種方法。

3.4 方針管理與日常管理

3.4.1 方針管理與日常管理有何不同？

方針管理與日常管理如下來想比較容易了解（參照圖 6）。

1.方針管理

這是在整個企業的經營管理之中，將戰略具體化，並改善、革新特別重要的課題，且去達成目標的一種活動。

2.日常管理

這是在整個企業的經營管理之中，對於前記 1. 以外者，謀求達成其業務目的之一種活動。並且，從方針管理與日常管理的內容來看，可以認出如下事項。

在企業內所進行的諸管理中，均設定有某種的基準（標準），基於此來進行。又，以管理的內容來說，有以下幾點。

(1)將處於低的現狀，使之接近基準（基準的接近）。

(2)掌握偏離基準的原因，並納入基準內（基準的維持）。

(3)改善基準，設法提高水準（基準的改善）。

(4)引進新的基準（新基準的設定）。

其中日常管理是以 (1)、(2)，方針管理是以 (3)、(4) 為主體所進行的活動。其中 (4) 的新基準設定正是意謂採用新戰略時的事情，此如圖 7 所示。

像這樣，方針管理與日常管理構成了經營管理上的重要課題，日常管理是向管理基準接近以及維持、改善基準的活動。

（注）日常管理也有如下說法。

為了能依照目的去達成，利用業務分掌規定決定好各部門的分掌業務，以及所需要的一切活動。又，此處的業務分掌規定，是將各部門在組織上的業務分擔內容，包括業務達成的期待，予以設定、表示者。

最後，就方針管理與日常管理加以若干補充說明。

(1)方針管理與日常管理的管理循環（P—D—C—A）均相同，要確實的去轉動循環。

(2)一般依職位的高低，方針管理與日常管理的分擔領域是不同的，這點必須要先加以了解。

當然愈是位於上位者，參與方針管理的事項就愈多（參照圖 8）。

(3)也不要忘記日常管理也有改善活動並去實施。

(4)若傾力於方針管理，而疏忽了日常活動，也會發生種種的問題。

　　須認識日常管理與方針管理是一樣重要的，應設法未然防止發生此處所提的問題。

(5) 也可考慮將日常管理的改善事項，將其一併記入到方針管理的方針書上，與方針管理一起來管理。特別是在總公司的幕僚部門中，大多可見到此種情形。

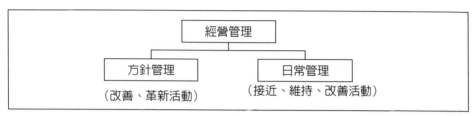

圖6　方針管理與日常管理

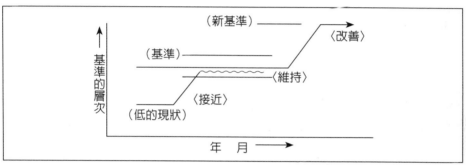

圖7　新基準的設定

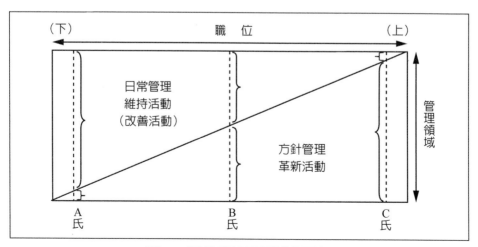

圖8　職位與管理領域的關係

Note

第 4 章
方針的展開

本章內容

4.1 方針、目標、方案的意義

4.1.1 請說明方針、目標、方案的意義。

在方針管理中，經常使用方針、目標、方案之用語。
在這裡將它分成以下三點來說明。
1. 重點方針。
2. 目標。
3. 方案。

1.重點方針

這是表示為了達成企業的經營目的，其所實行的諸活動應進行的方向。此重點方針通常大多數的企業會以一年度作為對象的期間。
一般以如下來表現。
(1)經營諸活動的基本方向。
(2)經營努力的重點。
依企業而異，此處也有列入應達成的水準，亦即會列入下面說明的目標之情形。

 （例）① 銷售活動的活性化
   ② 提高○○部門的利潤率
   ③ 積極推進新產品、新技術開發
   ④ 提高間接部門的生產力
   ⑤ 強化未然防止產品事故的活動
   ⑥ 擴大海外市場的占有率

2.目標

這是表示在某期間內應達成的水準。
最好要使用能衡量的數字來表示。
並且，目標是由以下三者所構成。
(1)目標項目。
(2)目標值。
(3)期限。

 （例）① 本年度銷售收入 ○○億元 ○年○月○日為止
   ② 本年度營業利潤率 ▱▱ % 以上 ▱年▱月▱日為止
   ③ 新產品開發件數 ○○件以上 ○年○月○日為止
   ④ 本年度間接業務效率 ▱▱ %UP ▱年▱月▱日為止

⑤ 本年度產品客訴　　　　　□件以內　　　□年□月□日為止
⑥ 海外市場占有率　　　　　○○％以上　　○年○月○日為止

3.方案

　這是指達成目標值的手段，也就是該管理者應該採取的對策而言。因之，「方案並非是願望性的手段，必須是能實行的具體手段」。

　方針管理中的「方針」，有：

(1)表示「重點方針、目標、方案」的一切者。

(2)表示「重點方針與目標」者。

(3)表示「目標與方案」者。

　等許許多多種，在公司中應將用法加以統一，以免誤解。

4.2 方針的展開

4.2.1 方針展開是指哪些事情？

所謂方針展開是指遵照公司方針（包含重點方針、目標、方案），按企業內各部門及各職位的任務，進行如下事項。

1. 重點方針的具體解釋、表現與補充說明。
2. 目標的分割與分擔。
3. 爲達成目標須檢討方案並利用創意予以具體化。

此處，要注意的是所謂「方針展開並非只關於重點方針，也要包含目標、方案在內」。

所謂方針展開是包含前記 1.、2.、3. 的總稱來使用。又，對於重點方針、目標、方案的展開、設定，詳細情形請參考另一節的說明。

方針展開的概要請參考圖 9 及圖 10。

4.2.2 方針展開的一般類型有哪些？

方針展開一般以「由上而下（Top down）」的類型來進行，而這也大略分成以下兩個類型。

1. 完全的由上而下。
2. 由上而下（T）＋由下而上（B）。

其中 2. 的由上而下＋由下而上，可以再分成以下兩個類型。

(1) 各上級「確定」方針後再向下級去展開（以下稱爲 TB-1 型）。
(2) 將上位方針「暫時」性的展開至下位，再由下位向上位順次去確定方針（以下稱爲 TB-2 型）。

以下就此三個類型加以解說。

1. 完全由上而下型

不改變上位所決定的方針（重點方針、目標、方案），下位接受此方針後去展開自己部門的方針。

因之，上位方針應充分斟酌使下位能接受此方針之後，才能有實行之可能。

2. TB-1 型

譬如，公司方針由總經理與各事業部處長；事業部方針由事業部處長與各部經理；而部方針由部經理與課長；像這樣上位者與下位者進行檢討之後再決定上位方針。原則上，此處所決定的上位方針在以下的展開中不予改變。

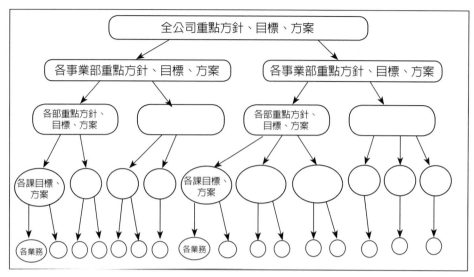

圖 9 方針的展開 (1)

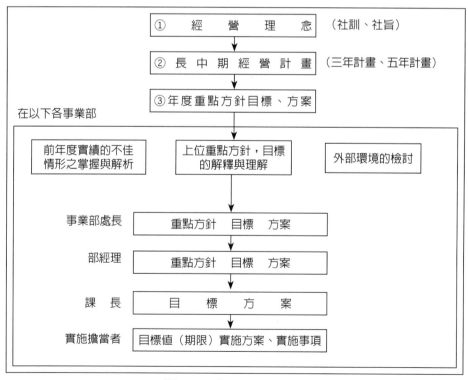

圖 10 方針的展開 (2)

層次＼負責人	總經理	部經理	課長	擔當者（包含股長‧主任）
全公司	全公司（年度）重點方針 全公司（年度）經營目標 全公司（年度）（重點方案）			
事業部		事業部重點方針 事業部目標 事業部方案		
部			部重點方針 部目標 部方案	
課‧擔當者				課（重點方針） 課目標 課方案 擔當目標 擔當實施方案事項

注：1.（）有加以表示與不加以表示者。（但全公司（年度）重點方針，最好加以表示。）

2. 目標由 長中期經營目標 → 全社〈年度〉經營目標 → 事業部目標 → 部目標 → 課目標 → 擔當者目標 去分割、分擔。

圖 11　方針的展開 (3)

3. TB-2 型

首先將整個公司的臨時方針向事業部指示，待事業部接受此臨時方針後進行檢討，接著由事業部作出臨時方針再向下位指示。以下同理將臨時方針展開至所需的層次。其次，下位者與上位者進行檢討，決定出下位部門的方針，然後再順次向上進行，最後決定出公司方針。

又，在方針管理已穩定落實的企業裡，於下次的方針立案之前對所有從業員，透過職制讓他們提出自己的目標與方案（由下而上的一環），一面讓他們反映，一面指示包含企業的方向、目標之方針，以由上而下型來展開的方式也有。

目前此處所提的 TB-1 型及 TB-2 型廣受採用，各公司可配合公司的實情來使用。

4.3 方針展開的重點

4.3.1 請說明方針展開的重點。

方針展開的重點敘述如下。

方針展開的重點

1. 要正確理解企業理念、企業目的及高階的基本方針。

自己所屬的公司是朝向哪一方向以什麼作為目的，透過正確的認識與理解，日常的工作才能遵循正確的指標來執行。可是，在此變化的時代中，企業目的與基本方針不能說絕對不變，所以要經常磨練情報感度並洞察企業的進行方向。

2. 在經營過程中應使「重點方針」、「目標」、「方案」的位置明確。

正確掌握「理念—重點方針—目標—方案」的一系列位置，然後才能有目的、有效率的完成業務。

3. 應使具「本質」且「重點性」的項目優先。

時間是有限的，五花大綁的什麼都做是不會獲得實效的。應將眼光朝向利潤貢獻度大的項目，或是會造成甚大的損害、或是對其他有甚大影響的項目。

4. 好好掌握與上位方針的關聯性、整合性，取得上下左右的同意。

方針如果由上位到下位一貫的話，那麼目標達成的機率想來是相當高的。經過上下及左右的檢討，並設定自己部門的方針，該方針必然是有力量、有創意的方針。

5. 掌握以往的不佳狀況及此後的問題，設定適切的目標，並推敲達成目標的方案。

適切的掌握現在及將來的問題、課題，結合所有從業員的智慧與創意作成達成目標的方案。又，作成「有實行可能性」的方案是非常重要的。

6. 須考慮下位者設定方案及據此行動的容易性。

接受了上級的方針之後，到底它含有什麼樣的意圖呢？應向下位者說明，使他們能清楚明白，然後藉著商討、交換意見，方針展開才會容易進行。當上下有了相互的理解，才可期待設定適切的目標與有效的方案。

7. 使方針持續時，亦應對前年的不佳地方列入對策。

應使「去年的方針」與「今年的方針」連接起來。

如果期望長期性的發展時，當目標達成了應再向更高一級的目標去挑戰，有不佳的地方應使之回饋，期能有應對的方案。

8. 要制定能應付狀況變化的體制。

雖然擬訂了方針，但狀況有了變化時，須考慮修正與優先順位的變更。方針修正之際，為了能迅速應對，在運用系統上要讓它帶有若干的彈性。

Note

第 5 章
方針的制定

本章內容

5.1 方針、目標、方案的條件

5.1.1 好的重點方針、目標、方案有哪些條件？

以下將好的重點方針、目標、方案的條件，以條文的方式各寫出三個。各寫三個條件是為了容易理解重點。

請自然而然的實施方針管理，並尋找自家公司內所需的條件，謀求充實。

1.好的重點方針其三個條件

(1)經營的基本方向要概略的表示出來。

要概略的敘述出高階經營者所意圖的經營基本方向。高階方針的表現有時使用廣泛概念的用語，因此內容的意義就會顯得不清，但這是不得已的。如將它無理的單純化改換成一個意義似的單字時，反而有損本意。又，在方針展開中如受縛於適用範圍狹窄的單字，在各組織的階層裡，就會很難訂出可應付狀況的方案來。如能不牽強又能使所有員工容易了解，這是再好也不過的了。

(2)要含有價值觀。

要表示出高階的意思，像努力的重點、達成的程度等。由於是「方針」，所以含有事前的價值判斷，而判斷應加以表現使能理解。

(3)為應付前年度不佳情形，應列入努力重點。

在年年變化的環境之中，若每年幾乎完全使用相同用語的方針，想來必然是哪裡有問題。特別是為了減少去年不佳情形，應將努力的重點重新列入。

2.好目標的三個條件

(1)要有能喚起意願的數字。

小組一般能激起向高目標挑戰的意願。因此須設立只要好好努力總可設法達成的目標值。因為目標低的小組只表示恰如其分的行動、動作，至於要將目標的高度置於何處，取決於高階的經營判斷與決斷。

(2)必須是容易了解的內容。

特別是代用特性時，它必須是能測定的數字為其條件所在。數字上縱然沒有錯，然因人之不用數字的測定即有所不同，這是很頭痛的。因人而有不同解釋時，應事前決定計算式，並取得有關人員的同意。

(3)在達成目標的背景下，使方案能有某種程度的保證。

因不管如何努力均無法達成的目標值，會讓人產生出絕望與無力感。連續二期三期，以結果來說，發現目標是遙不可及的數字時，並非方案與努力不行，想來難免令人生疑，可能是所設定的目標值有錯誤吧？有錯誤的目標值

會違背意圖影響健全的經營活動。

3.好的方案之三個條件

(1)要以具體的辦法來表現。

　　由於手段、對策均是方案，以具體方法來說，當然要用「行動語」加以表示，此乃是原則。所謂行動語是說觀察該方案的表現，能具體的想起採取何種行動的用語。

(2)能考慮去年或上次的不佳情形，可當作下次採取對策之用。

　　在此變化的時代中，每年或每次以相同的對策來達成目標是有困難的。在訂立方案之時，對於以往的方案實施經過與結果，要進行查核與處置。並且使之反映、活用在下次的方案上。

(3)如能認真的實施所研擬的方案時，當能自動的達成目標。

　　不管是多麼認真的從事所決定的諸方案，但在目標達成上仍相當遙不可及的方案，可以看成是未成熟、未加以深思熟慮吧！

　　此時應考慮再三並重新思考，才能提出有創造性的對策來。

5.2 重點方針的展開

5.2.1 重點方針展開至哪一階級爲止，如何展開呢？

首先就全公司重點方針的展開來考慮看看。此全公司重點方針的展開，依如下之順序來進行。

1. 全公司重點方針的區分。
2. 全公司重點方針的內容確認與受理。
3. 事業部門重點方針的檢討、決定與傳達。

以下按順序來解說，此處使用將全公司重點方針（總經理方針）展開成各事業部（各事業部處長）的事例。又事業部以下的重點方針展開，可參照此事例去展開。

1. 全公司重點方針的區分

首先要向所有事業部處長指示全公司重點方針（實際上，全公司重點方針連同目標以及大多數的情形也將方案一起加以指示），將此大略分成以下兩者。

(1) 關聯「所有」事業部者。
(2) 與「特定」事業部有關者。

由於是全公司的重點方針，自然是與所有事業部有關聯，但是有時也有想讓特定事業部其業績成長或設法強化的情形，所以將它作爲方針加以指示的也有。

因之，首先將全公司重點方針如前記的 (1)、(2) 加以區分。

各事業部處長在其中的 (1)、(2) 之中，接受與自己事業部有關聯的方針。

2. 全公司重點方針的內容確認與受理

其次，自己事業部在所接受的方針之中要先確認其內容，亦即應進行的方向、努力的重點有無不詳的地方。

在總經理與各事業部處長一起檢討制定全公司重點方針時，由於在過程中已作了充分檢討，自然應有相當的理解，所以此確認可以不要。

可是，也有全公司重點方針事前未經同意，就由總經理直接發表，即使是讀了該方針的文章，也不易了解總經理眞意的情形。既然是總經理方針，當然含有總經理的創意，並且概念甚廣，所以易顯得抽象且有哲學的味道。如前所述，爲了表現高階的意圖而不得已將用語的概念顯得範圍很大。因爲可作種種的解釋，故不易理解，所以無法充分傳達意思，乃至有被誤解的情形發生。

爲了事先防止此種情形發生，並設法將方針滲透，各事業部裡（各事業部處長）應一致理解全公司重點方針的內容。

經此確認後，各事業部處長受理全公司重點方針，並向事業部內去展開。

3.事業部門重點方針的檢討、決定與傳達

接受了公司重點方針之後，事業部處長與部經理一起檢討事業部門的方針。此時各事業部處長須考慮以下幾點，以便指示自己部門的重點方針。

(1)自部門在所接受的公司重點方針之中，對於難於理解者爲了使之容易理解，可將內容分解、分析、修正成容易理解的方式。

(2)在公司重點方針中雖然未加以指示，但如果有想附加什麼以作爲自部門方針時，可以追加。

此時，在 (1) 中容易理解，不必擔心會有誤解者，可將公司重點方針照原來那樣指示。

又，改變公司重點方針的表現者，別忘記要併記原來的公司重點方針。

此乃是爲了將「全公司重點方針」與「部門重點方針」加上關聯。

而 (2) 是該部門想附加的方針，所以可當作事業部處長的意思加以指示。這應該是與全公司重點方針及事業部內所有部均有關聯者。

以此爲基礎進行檢討後，決定事業部的重點方針。其所決定的事業部方針要向各部指示，然後部以下才能進行展開。

至此爲止是將全公司重點方針展開到各事業部，而事業部以下可參照先前所述來展開。

其次，關於此重點方針的展開須進行到哪一階層呢？答案是「最理想的是展開至每一位從業員爲止」。可是，方針由於是表示：

(1)經營活動的基本方向。

(2)經營努力的重點。

所以在實務上展開至（公司→事業部→）部的階層（視需要也可展開至課階層）來想即可。

這是認爲在方針管理之中，應進行方向的決定是到部經理級爲止，至於在目標展開，及達成目標的方案檢討、設定上，想來可將經理以下的幹部及一般職員其具有的能力予以重點性投入。

課層次以下來展開重點方針時，可照樣接受上級的重點方針。雖說是到部、課階層，但因企業的性質業務內容有所不同，可參考此處所敘述的，自行展開至合適的階層爲止。

5.3 目標展開的方法與數值化

5.3.1 請說明目標展開的方法。

所謂目標展開是按企業內各部門及各職位的「任務」，將公司目標加以「分割」、「分擔」的一連串過程。

目標展開依序由公司（總經理）→各事業部（事業部處長）→各部（部經理）→各課（課長）→各股（股長），如有需要可到擔當者層次為止。

此處對於由上位到下位的目標展開，以總括的方式加以解說。

目標展開依如下順序進行。

1. 上位目標的區分確認。
2. 上位目標向自部門（職位）的分割、分擔檢討。
3. 自部門（職位）目標的分擔、整理與傳達。

1. 上位目標的區分確認

目標雖然要與上位的重點方針一起指示，但目標也與重點方針一樣，分成：

(1) 與「所有」下位部門（職位）有關聯者。

(2) 與「特定」下位部門（職位）有關聯者。

譬如，設若以下目標作為上位目標的一部分來加以表示吧！

①本年度承包量　　　　　　　　　　○○○億元
②本年度間接業務效率　　　　　　　□□％提高
③本年度○○部門的生產能力　　　　∠∠％提高

以此當作公司目標向各事業部指示時，①與②是對所有事業部，③則是對特定事業部的目標，此事當可馬上理解。③的○○部門是作為對特定事業部的目標加以指示者。

前面三點如當作某事業部的目標向下位的各部加以指示時，一般來說①是對銷售、營業部門；②是該事業部所認定的直接業務，亦即與間接業務有關的所有部門；③是對生產、製造部門來說的主要關聯目標。

目標展開的最初工作，是要區分、確認由上位所指示的目標之中，何者是與本部門（職位）有關聯者。

2. 檢討上位目標向自部門（職位）的分割、分擔

於①中區分、確認上位目標之後，接著就是依照自己部門的任務與能力來分擔的過程。

關於此可依照以下順序進行檢討。

(1) 與來自上位的目標一同加以表示的方案。

(2)判斷與自部門有關聯的目標能達成到什麼程度。

在前記 (1) 中，向下位期待的分擔目標與上位目標一同加以表示的情形也很多。

又，(2) 是將自部門的任務與能力（包含人、設備、顯在、潛在能力），以及由上位所指示的方案與自部門裡的方案一起列入考慮者。但是，此判斷以自部門來說，最好是以能做到的程度再加上 α（挑戰的目標部分）為宜。

此檢討透過上位、下位以及在下位部門（職位）間的商討、協議來進行。上位目標的分割、分擔，有如下的方式。

(1)目標值分割、分擔方式。

上位目標的目標表現照樣不變，目標值按下位的任務與能力分割、分擔。

（例）C 公司（本年度）

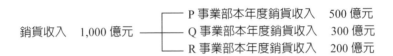

銷貨收入　1,000 億元 ─┬─ P 事業部本年度銷貨收入　500 億元
　　　　　　　　　　　├─ Q 事業部本年度銷貨收入　300 億元
　　　　　　　　　　　└─ R 事業部本年度銷貨收入　200 億元

(2)目標構成項目分割、分擔方式。

將上位目標的目標項目分解成各種構成要素，決定出達成上位目標值的重點構成要素，再去對它們設定目標值。

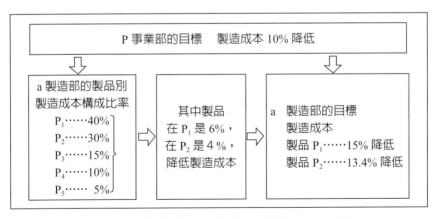

圖 12　目標構成項目分割、分擔方式之例子

（例）上方圖 12 是 P 事業部的目標「降低製造成本 10%」向下位的 a 製造部展開（分割、分擔）者。但是，這是利用產品構成來分割、分擔。

此處雖然是說明利用「產品構成別」來分割、分擔的例子，此外也有利用「部門、職場別」、「形態別」、「工程別」等來構成的，最好依照目標項目與展開的層次，適切的加以使用。

又，在此目標構成項目分割、分擔方式裡，目標項目、目標值在上位層次裡有不同表現的情形甚多，所以要好好結合其關聯，並清楚地予以記述是非常重要的。

上述 (1) 的「目標值分割、分擔方式」大多用於公司→事業部→（部）的目標分割、分擔。

至於 (2) 的「目標構成項目分割、分擔方式」則用於事業部以下的目標分割、分擔。

又，不管使用哪一者的方式來分割、分擔目標，應注意：

「上位目標值 ≤ ∑ 下位目標值」

如果不能這樣時，從上位、下位部門（職位），就目標（包含方案）進行重新檢討。

3. 自部門（職位）目標的分擔整理與傳達

這是將前面已明確的自部門（職位）目標加以整理，並向下位部門（職位）去指示，這包含以下事項。

(1) 有關追加自部門重點方針的目標設定。

(2) 對下位部門（職位）檢討、設定分擔目標。

(3) 查核、修正上位目標—自部門目標—下位目標的關聯、整合性。

其中 (1) 是指在事業部或部階層裡所發生的事項，但卻是不可忘記的事項。此時，對一個方針項目要表示出一個以上（最少一個）的目標。

這不僅是對事業部等追加的重點方針，對於作為重點方針所指示的一切均可相提並論。

像此種事項也要包含在內來設定適切的目標。

而 (2) 是將上位目標的自部門分擔目標與前記的 (1) 合在一起，對下位的分擔目標進行檢討、設定。

在這方面，將上述第 2 上位目標向自部門（職位）的分割、分擔裡所敘述的事項，不妨改變立場來活用。

又，此處自部門的目標（包含有關追加部門重點方針的目標）之中，自己（事業部處長、部經理、課長等）成為達成某目標的方案實施者（負責人兼實施擔當人）時，關於此部分或全部目標，可不必向下位展開。

至於 (3) 是以自部門的目標為中心，對上位目標、下位的分擔目標，查核目標項目、目標值等整合性，調查有無錯誤或不利的地方。

在這方面，與重點方針一起將上位目標與下位目標表示成展開圖（相當於

構成、系統圖）或採用矩陣圖的方式。如有錯誤或不利時，在此階段裡加以修正。

　　此查核、修正結束後，將自部門（職位）的目標與下位分擔目標加以整理，並一併向下位部門（職位）指示。

　　至此為止是目標展開的方法。接著，下位部門（職位）按前面所說明的步驟 1.、2.、3.（在最下位的部門（職位）裡除了 3. 以外）進行目標展開。

5.3.2 目標的數值化無論如何是需要的嗎？

　　原則上目標全部要加以數值化。

　　目標以其內容來說有「目標項目」、「目標值」、「期限」三者，而需要數值化的是針對目標項目的目標值與期限兩者。

　　將目標予以數值化的理由是為了進行以下事項。

1. 適切方案的設定與其評價。
2. 方案實施的正確查核、處置。

　　上述 1. 是基於「問題＝目標－現狀」，當目標未加以數值化時，問題的程度如何無法加以掌握，也就無法提出評價適切的方案。

　　而 2. 是當實施方案時，其結果是如何的反映在目標上，正確的掌握之後方能採取適切的處置。

　　目標未能加以數值化時，其結果就只能主觀的加以掌握，且依查核的人而異，例如有的會採取處置，有的則不會。這可以說是為了防上此種情形發生，俾能好好轉動管理循環以獲得成果所致。首先，請先好好認識目標為什麼要數值化吧！

　　其次，將說明目標數值化的條件與留意事項。

1. 目標數值化的條件

　　將目標數值化之時，應先滿足以下的條件。

(1) 反映出活動（方案的實施）結果者。
(2) 能立即掌握者。
(3) 不怎樣加工者。

　　此處對於 (1) 想必不需要說明吧！而 (2) 是不希望非等一星期、十天、一個月之後才能掌握者。至於 (3) 是希望儘可能使用原始的數據之謂。

　　由此事知，實數值比 % 值為佳。經常見到將目標值記成 100% 的例子，但總覺得不太妥當。

2.目標值數值化的留意事項

(1)以實數值（金額、件數、次數）表示，儘可能要避免由現狀加減多少而只以此「加減多少」的數值作爲目標值，要以「現狀之值加減多少」後的數值來表示。

(2)儘可能將往後期間的「目標值」與前期間的「結果值」一併記入。

(3)用 % 表示時，要併記其構成式（將分子／分母以用語來表示）。雖然也有碰到不記入此構成式的情形，然而一旦向表示 % 的本人質問時，將分母與分子項的內容弄錯的情形還眞不少。

(4)除了表示實數 % 之外，在該目標達成期限以前的期間，最好設置幾個（最少一個）查核期限，並決定出對應此期限的目標值。

這是藉著進行期中的查核、處置，使能更確實的達成最終期限的目標。

(5)在目標展開裡，也有目標值連同目標項目一起改變的。此時，對於上位與下位要簡單的表示其關聯。

(6)從目標項目與方案的關聯上認爲數值化很難時，首先考察有無其他的代用特性項目。然後，利用此代用特性予以數值化（特別是應用在事務、間接、幕僚部門的目標數值化）。

(7)若目標的數值化怎麼也不行者（如也無法利用 (6) 的代用特性來數值化，這情形應該不會很多），也有將目標的達成期限作爲目標值者。

(8)藉著方案的檢討，當目標的達成期限超過方針管理的一個循環期間時，要將該期限附記在目標與方案的日程上。

以上是對目標的數值化加以解說。以此爲參考，請在目標的上、下、左、右各部門之間加上關聯，並進行它的數值化。

原則上目標全部要數值化。

5.4 方案設定的方法與實施分擔

5.4.1 方案的設定要如何做呢？

　　所謂方案的設定是檢討、決定達成目標（值）的手段、方法。方案的好壞與否會影響目標的達成。因之，方案設定在方針管理之中，想必可以了解到它是非常重要的事項。

　　方案設定大多與目標展開一併進行。

　　因此，首先談談目標展開與方案設定的關係。

　　在目標展開裡，直到公司目標無法再加以細分的階段為止，設若以關聯性、整合性加以展開時（此階段的目標稱為最終階段目標），方案的檢討、決定最終可以如下來說。

1. 對最終階段目標進行即可。
2. 各部門（職位）將此最終階段達成目標的具體諸方案，按各部門（職位）的任務來分擔方案的實施即可。

　　目標展開一方面要將上位目標與下位目標相結合，一方面要用某種方式去分割、分擔。如能井然有序的進行，在目標項目、目標值的關聯方面是各部門（職位）的最終階段目標，如能達成，其上位的目標即可達成；以下同樣，下位部門（職位）的目標如能達成，其順次上位的目標也應該可以達成。

　　此以關係式來表示時，即為如下。

　　關於目標項目、目標值的關聯來說：

　　公司目標值 $\leq \sum$ 各事業部目標值 $\leq \sum$ 各部目標值…… $\leq \sum$ 各最終階段目標值

　　又，方案實施的分擔，並非全由最下位階層的人來分擔。

　　視需要也可讓上位的管理者或其他部門分擔方案的實施。

　　另一方面，在目標展開裡，並不單是將上位目標予以分割、分擔，也有進行如下事項。

1. 將上位目標向下位指示時，為了達成目標，由上位部門（職位）向所有下位部門或個別指示重點實施的方案。
2. 下位分擔上位目標時，為了達成其目標要做哪些事項（方案），即使概略也要描述檢討。

　　然後將目標再向下位展開時，進行與前記 1. 一樣的事項。

　　這些對反映上位管理者的意見來說，是非常重要的事。目標展開與方案設定之間，首先應了解有此種關係。

其次，移到本主題的方案設定，考慮前述目標展開與方案設定之關係，再以總括的方式解說上位、下位階級的方案設定。

方案設定各部門（職位）依如下的順序進行。

1. 目標確認與問題點的指出重點掌握。
2. 方案的檢討提出。
3. 方案的評價。
4. 方案的決定與實施分擔決定。
5. 方針的整理。

1.目標確認與問題點的指出、重點掌握

首先，部門須確認所分擔的目標（目標項目、目標值、期限）。關於此想必不需要多加說明。但是，此後在檢討方案的方面時，如有限制條件（如投入金額、變更的限度、期間等），要先加以掌握。又，目標期限雖作爲目標加以指示，但這也是一種限制條件。

限制條件最好不要過多，而無論如何非要不可的是，要在該範圍內去決定方案。

其次，指出在達成目標上的問題點。首先將所分擔的目標與現狀的差距當作問題（也稱爲課題），而形成此問題的要因（因素、原因）即爲此處所說的問題點。

試舉一例來說明。

目前 A 事業部的年間銷貨收入是 270 億元，而下年度的目標是 300 億元。在此事例裡：

300 億元（目標）減 270 億元（現狀）等於 30 億元（問題）。

將此問題 30 億元加在下年度，那麼要如何才能賣完呢？將此改變觀點，試考察目前 300 億（270 億加 30 億），或者爲什麼 30 億元不能賣完呢？此即爲問題點（要因）。

關於此可以提出像銷售戰略、銷售通路、銷售能力、銷售方法、商品構成、價格、品質、宣傳等許多的問題點來。

此事可以稱爲「問題點的指出」。

爲了從分擔目標與現狀的差距（問題）找出問題點，可以使用以下手法。

(1)腦力激盪法。
(2)特性要因圖。
(3)關聯圖。
(4)強弱分析。
(5)矩陣圖。

從這些之中，視問題性質使用適切的手法，並找出問題點，此處不考慮問

題點的重要度，將所有的問題點完全提出是非重要的。

像這樣指出的問題點一般可區分為「內部要因」與「外部要因」，並且將該要素與責任區分，就會變成如下。

(1)問題點的要素

①人（組織、能力、工作的分擔、意願、人際關係等）。

②設備（機械、機器、治工具、建築物、作業環境等）。

③材料（原材料、零件、消耗品、事務用品等）。

④產品（產品、商品種類、構成、機能、品質、客訴等）。

⑤方法（加工條件、作業方法、標準化、安全等）。

⑥系統（管理、組織、情報、教育、工資、提案等）。

⑦金錢（資金、價格、支付、回收條件）。

(2)問題點的責任區分

①自部門（職位）的問題點。

②他部門（職位）的問題點。

③部門（職位）間的問題點（包含整個公司的問題點）。

即使如此，如仍有不足的要素或區分過大時，可追加要素或將區分再細分化予以彌補。

將此作成矩陣圖形，把所指出的問題點寫進去，有助於發現與追加不足的問題點，接著決定重點、檢討，並提出下次的方案來。

其次，從所指出的許多問題點中，去掌握對問題有甚大影響者。這雖然是要靠擔當檢討的成員之經驗來決定，但也要考慮現狀與今後的狀況變化，以掌握成為重點的問題點。

又，假如問題點不太多者不必特別集中重點，只要對所提出的所有問題點去檢討方案。

2.方案的檢討提出

對於 1. 中所決定的問題點，進行檢討並提出解決、解除的方案。

這雖然是要一一的去檢討問題點，但解決一個問題點的方案並非只有一個，有許許多多種。

此處，最好要活用：

(1) 與問題點有關的上位者的方案。

(2) 檢討成員的經驗、智慧、創造力。

以利提出許多的方案來。

因之，從各種角度來看問題點進而提出構想是非常重要的。又，方案是透過問題點的解決謀求達成目標，所以「不要抽象要具體」是非常重要的。

但是，此處不要拘泥於限制條件，請儘量去思考許多的方案。

　　這是目前雖受限於限制條件無法實行，但也有將來能實行的方案，因為不想妨害自由奔放的提出構想所致。在此方案的檢討、提出方面，除前述1.的手法外，也使用以下的手法。

(1)目的—手段系統圖。

(2)5W1H（What, Why, Where, When, Who, How），ECRS（Eliminate, Combine, Rearrange, Simplify）。

(3)各種創造性技法（優缺點列舉法、查檢表法、KJ法、NM法、類推法、水平思考法等）。

　　這也是按問題點選出適切的手法來使用。

　　這些在經由檢討所提出的方案之中，對於以往實施類似的方案而未能順利進行者或未能實施者，在掌握其要因之後，找出能解除的方案也是可以的。可是，儘是此類方案目標的達成大多有困難，如要根本改善問題點，大家可以一起檢討方案，儘量提出許多構想來。有時，試著懷疑問題點本身或許也是需要的。

3.方案的評價

　　這是利用某種基準來評價由前面檢討所提出的方案。

　　到前階段為止，是強調要提出許多的方案，不要太介意限制條件與其他的評價。其理由是因為前記2.中所敘述的事項，以及評價是在此階段進行的。

　　此評價大致可分成以下兩者。

(1)按每一問題點評價方案。

(2)按每一目標評價方案。

　　上述(1)是按前面各問題點檢討，並對所提出的方案（包含構成各方案的內容）進行評價。

　　而(2)是將由(1)所保留下來的實施方策組合在一起，作為各目標的方案，來進行評價。

　　此評價一般使用如下的評價基準。

①實行的可能性。

②目標期限的遵守程度。

③問題點解決與目標達成的貢獻程度。

④所須投入金額對預算的增減或比率（％）。

⑤其他限制條件的滿足度。

　　在前記評價基準中：

　　將①與②交互進行，各方案之中雖有實行的可能性，但到目標期限無法實行者，那麼到何時才能完成的日期也要事先使之明確。

　　至於③是評價各方案對問題點解決、目標達成的貢獻程度。

　　而④一般來說，預算雖然也有以目標單位來表示的情形，但按問題點區分加以表示是很少的，因之按每個目標評價方案來使用的情形居多。

　　然而，若預算按每個問題點加以表示的話，那麼就要按每個問題點來評價。當預算未加以表示時，則要計算所須投入金額，利用此與前記 3. 之關係來評價。

　　⑤是評價所剩的限制條件能滿足與否。

　　這些①～⑤的評價法有：

a ○×法、階段、點數法……適用於①～⑤全部。

b 實數法………………………　適用於②、③等。

c 百分法………………………　適用於③、④等。

　　其他作為評價基準的也可想到有對狀況變化的「應付度」（方案對於狀況的變化、能應付的可能程度）。此評價基準與評價法視需要可追加、刪除作成能符合公司的需要者。

　　在此評價裡，滿足以下條件即為好的方案。

a 有實行可能性。

b 能在目標期限內實施。

c 問題點解決與目標達成的貢獻度高。

d 以最小的投入資源、金額。

e 滿足其他的限制條件。

　　即使在方案之中雖能實行且對問題點解決、目標達成有甚大的貢獻，但是像超過目標期限或預算之類，或其他的若干限制條件不能滿足的也有。

　　這些在此階段裡須重新檢討目標期限、預算、其他的限制條件可否加以改變。

　　特別是在按每個問題點的評價方案裡，依滿足前記①～⑤之比重大小（包含全部未滿足者）評價裡，從中選擇幾個方案，再進展到按每個目標評價方案。

　　每個目標的評價是由這些問題點的評價所送來的幾個方案加以組合，將它當作各個目標的方案來進行。此時通常在問題點的評價裡，雖可將評價高的加以組合，但如可將各問題點的方案好好加以組合時，在目標達成上就可成為有效的方案。譬如，對問題解決的貢獻度都很高，所須投入金額如將大的與小的加以組合時，即可不超過預算的範圍。

　　對這些事情也加以留意之後，再去作出及評價各個目標的方案。各個目標經評價後，在前面所檢討、整理的各方案中，若無法達成目標時，再度改變組合或回到 1. 目標確認與問題點的指出、重點掌握，以及 2. 方案的檢討提出等進行檢討。

4.方案的決定與實施分擔決定

　　這是經過前面的過程後，決定出達成目標的方案及其實施負責人與擔當人。方案的決定雖然可以將以往的各方案當作方案，但此處試著查核目標與方案的關聯。因企業的諸活動是相互具有關聯進行的。方針管理可以說是為了達成目標而去改善、革新這些活動。因之，達成某目標的有效方案，對其他的目標也有影響。

　　譬如，有降低不良數的目標，在達成上提出了有效果的方案並加以實施時，當然會降低不良數，對以前的不良損失成本也會有影響。此時，雖然不良數降低了，但不良損失成本卻提高了，這令人感到困擾。不良數與不良損失成本不能一起降低是沒有意義的。又，所謂最理想的方案，是用一個方案即能達成所有的目標，但這是相當不易的。由於有這種事情，所以此處不只是檢討著各方案的目標，對其他目標有無影響或與方案有無遺漏，也要一併查核。

　　在此目標與方案的查核上（包含方案對目標的影響度調查），可以活用矩陣圖、目標達成的貢獻度來評價。

　　其次是決定方案的實施「負責人」與「擔當人」，根據各目標與問題點的責任區分來決定分擔。

　　首先是實施負責人。達成目標的方案實施負責人，由該部門的負責人（如事業部是處長、部是經理、課是課長）擔當。

　　其次是方案的實施擔當者。從方案檢討時各問題點的責任區分之，它：

①如在自部門內，則由自部門之中選出並決定之。
②如在其他部門內，則由其他部門之中選出並決定之。
③橫跨部門間者，則由自部門與其他關聯部門之中選出並決定之。

　　這是指最適合擔任實施各方案職務的人，當然其他的業務量（包含其他方案的實施及日常的業務）也要考慮，由此選出最合適的人選。

　　此處，對於②與③之其他部門的實施擔當者，可拜託該部門的負責人選出最適切的人選。又，此方案的實施擔當者，並非一切均從部下選出，在各方案之中較重要的幾個，一定要由部門的負責人來擔當。身負方案實施負責人與擔當者。

　　前面在方針設定之中，除了最後的方針整理之外，分別解說了目標確認、問題點的指出、重點掌握、方案的檢討與提出、評價、方案的決定與實施分擔的決定等。前面的過程在實務上，首先將目標由上位向下位展開至最終目標階段（此時從上位向下位一併指示的方案可想成是概要的方案），接著檢討此目標達成的方案，以下順次由下位向上位去確定方案的情形較多。

　　因之，由上位與目標一同指示的方案也有改變。上位部門與下位部門，透

過商討、協議（包含其他部門）後，去設定達成目標的確實方案。

又，此處所說明的方案設定之步驟，由於是基本性者，在應用、活用時最好改良成適合各企業者再來應用。此方案設定的重點，在於如何提出能實施的方案以達成目標。這如能掌握且其過程明確的話，它可以說是好的設定步驟。考慮此處所表示的設定步驟及實際試行的步驟，再決定出自己公司的設定步驟。

5.4.2 請說明方針書的內容各項目與格式如何？

此階段是將前面所決定的方案與實施分擔，及與此有關聯的重點方針、目標包含在內，當作方針加以整理者。具體言之，可以說是製作「方針書」與「方針實施計畫書」（以下將此總括稱為方針書）。

在製作此方針書之前，各部門就自部門與下位部門及關聯部門的重點方針、目標、方針，查核以下三點。
1. 重點方針（方向）有無不同。
2. 重點方針、目標、方案的展開，其連續性與關聯好嗎？
3. 各方案能否達成目標。

此查核由於在前面各個地方有進行，所以如能確實查核的話，此處的查核就不會費事或省略也無妨。但是，此處的查核，是對方針（包含重點方針、目標、方案）展開之關聯性與方案的一種最終查核，是否省略不妨考慮之後再決定。

其次是整理成方針書，它的記述表現要注意以下幾點。
1. 簡潔。
2. 容易理解。
3. 具體的。

1. 方針書的內容項目
記述內容有以下。
(1) 重點方針。
(2) 目標（包含目標項目、目標值與期限）。
(3) 方案。
(4) 日程。
(5) 負責人、擔當者、協力部門擔當者。
(6) 管理項目。
(7) 管理資料。
(8) 查核、報告時期。

以下對此處所提的記述內容予以補充說明。

①重點方針、目標、方案是區分上位、下位部門（職位），爲了了解其關聯，記述在同一個表單上（利用 No.）。

②又，對於向其他部門（或由其他部門來的）請求的方案也要明記其關聯性（兩部門共同利用 No.，而其他部門的重點方針、目標、方案只須記述所需事項）。

③日程是表示方案的實施日程。

④負責人記載部門的負責人，擔當者是記載分擔各方案的實施擔當者。即使由小組實施方案時，方案實施擔當者仍記載個人名稱（併記小組名稱、整個成員的名稱也行）。

⑤管理項目是爲了查核目標方案的達成進度狀況所決定的事項，具體上是記載目標項目與方案的進度測定項目。

⑥管理資料是爲了掌握⑤所決定的事項狀況而記載資料名稱。

⑦記載所決定的查核、報告時期。

2.方針書的格式

整理此方針的方針書，應考慮以下事項來設計。

(1)能記述前記 1. 之事項。

(2)上位、下位部門的目標關聯性能作成一覽表。

(3)可以寫進方針的進度、目標的達成狀況。

(4)也能使用於查核、報告、評價與診斷上。

(5)簡單而且張數不多。

請參考方針書的樣式（圖 13），這些均是概念圖，實際使用的方針書可考慮自己公司的方針管理特性來製作。

1. 總經理的例子

長中期經營計畫	年度重點方針	目　標	方　案
No.	No.	No.	No.

2. 事業部處長的例子

重點方針	目　標	方　案	管理項目	表單	確認時期
No.	No.	No.			

3. 部經理的例子

方　針	目　標	方　案	實施計畫	管理項目	表單	確認時期
No.	No.	No.	No.			

4. 課長的例子

目　標	方　案	實施事項	實施擔當者	關係／協力者	排經	管理項目	表單	進行確認時期
No.	No.	No.						

圖 13　方針書的格式例（概念圖）

方針書的格式要考慮公司
的方針管理特性來製作。

5.5 重點方針、目標、方案的展開設定時應留意的事項

5.5.1 請說明重點方針、目標、方案的展開設定時應留意的事項。

關於重點方針、目標展開與方案設定，請參照本節的說明想必可以理解，此處為了回答此疑問，也許有些重複，但仍給予回答。重複的地方請想成複習吧！

此處就三個疑問（重點方針、目標、方針）以條文的方式來回答。

1.重點方針設定時的留意事項

(1)好好理解長中期經營計畫的戰略架構與方向，其中應確認與本年度有關的重點事項。

(2)要注意由企業內各階層（各部門、各職位）及企業外取得情報。

(3)掌握、解析去年的不佳情形，為了對它採取對策，應將努力的重點列入。

(4)表現高階的意思與價值觀。

(5)充分斟酌用語，推敲文句。如有需要，也可使用廣泛概念的用語。

(6)儘量以短文容易理解的方式來表現為佳。

(7)公司重點方針的數目在實務執行上有五個到七個可以說是適切的。

(8)與前年度相同表現要儘可能避免。但是，與安全有關的方針表現，在性質上列出每年均相同的文字似乎很多。

(9)方針會議、方針集會（為了設定方針由少人數進行短時間的情報、意見交換會議）、方針面談（與部下個別面談有關方針的意見）、方針設定的電話等，要有組織且有計畫的實施。

(10) 有時為了設定方針，有關人員可進行二天一夜（星期五、六）或三天二夜（星期五～日）的合宿。其對於方針設定有其相當的重要度，由經驗上來看合宿的效果可以說是很大的。

此處我們來看年度重點方針的決定過程是如何呢？

圖14是表示概念圖。以此為參考，配合自己公司的組織、實情，再行決定年度重點方針要以如何的流程來決定為佳。

2.目標展開時的留意事項

(1)像目標銷售額等情形，上位與下位的想法有相當或顯著的不同。在高階決斷以前，要經常進行上下的溝通，為什麼以該數字來決定呢？特別是直到下位者在邏輯上、情感上能理解為止，上位者最好要盡力去溝通。

　　如果不能如此時，其所設定的目標值就會流於沒有實現性的數字，此種應該是結合行動的目標值，卻全然不能發揮機能，不過是死的數字而已。

(2)從上位算出來公司存續的目標值，到下位從現狀預估的累積數值，以及設想最大努力之後加上 α 的目標值，皆應深切檢討各個的妥當性、實現性與意願喚起性。高階及上位管理者要找到能讓成員了解且能激起挑戰意願的目標值。

(3)從實施擔當者來看，過高的天文目標數字會使其意氣沮喪。但若用現狀中已能預料到的數字，則在此競爭社會中就會落後於其他公司。為了在現在的環境裡生存，由下位所見的「無理數字」再加上一～三成是一般性的作法。這方面的事情有需要向所有職員好好傳達。

(4)目標無論如何是該事項負責人的管理項目。依此達成的程度，可以評價該負責人。評價時，譬如像是「拼命努力」的目標，這樣是無法評價的。因此，最好要儘量以數字來設定目標。

(5)有時在實務上有些事項未能表示目標（值）時，此時可使用代用目標（將代用特性加以數值化之目標）。

(6)當代用目標也不能考慮時，也有以該事項應完成的「期限」作為目標的方式。

3.方案設定時的留意事項

(1)直到能預知達成目標的手段為止要深思熟慮。如果即使認真執行所設定的方案，也可預料到仍會與目標有甚大偏差的話，則該方案對目標而言即證明非有效的方案。

　　方案是從董事到中間管理者再到一般職員，各階層均採關心的態度，以全員參與的方式投入所有的智慧來加以考慮。

(2)對前年或至前回為止的不佳情形所採取的對策，必須要列入本年或此次的方案中。

　　因為不是以日常的例行作業作為對象，所以經常要注意改善、革新取向。重複相同方案，是無法向年年增高的目標挑戰的。

(3)請不要從下位者蒐集方案。對方案未有提案的董事級其資格值得懷疑。須加上自己的想法、創意，作成方案的決定版。

(4)當遇到在年度的開始所預測的環境向未預期的方向變化時，雖然非常困難，但持有預備對策的方案一覽表，是身為成功管理者的要件。

(5)目的式的記述。方針書並非「是事務的方針書」，而是作為達成目標之「手段的方針書」。要簡潔的將要點記入。要注意紙張數是否過多，不要流於不具實行的表單（Paper）方針管理。

(6)須記入手段、對策，而非記入業務名稱或工作目的。譬如，常見到「削

減管理費用」、「設計業務的效率化」等例子，雖然記有目的，但對目的達成毫無幫助。以負責人來說，為了達成該目的應採取何種手段好呢？這才是真正的課題。

但是，為了使表現容易，上位可記述「目的上的推進課題」，下位用具體的行動語記述「細項的手段與對策」，此種情形或許較容易理解。

(7) 抽象的用語，譬如「確立」、「澈底」、「努力」、「強力推進」、「強化」、「周全的實施」等儘量不要使用。這些不能說是具體的手段，而且這些用語也無法喚起具體的行動。縱然說是「貫徹」，具體上要如何行動才好也不明確。要如何做，採取什麼樣的手段才算貫徹還真是問題呢！

(8) 當設定方案時，要留意由上下左右取得情報與意見。如果是事業部處長時，像是擔當副總經理、經理、其他事業部處長、營業所長、課長、第一線年輕作業員的心聲等，最好要取得適切的情報，並聽取意見及對談。又，也要考慮部門間的合作，如公司內部經理間有互惠（Give and take）的方案時也是很好的。

(9) 將方案設定會議、方案設定的個人面談、電話作戰、由公司外界蒐集情報、意見等，作成時間的備忘錄，並確實的去實行。

(10) 如從 Q、P、C、D、S、M（質、量、成本、交期、安全、人）的觀點設定方案時，在機能面上可消除遺漏。可是，記入所有考慮的方案，從工數來說一點不具實務性。好好洞察各方案的有效度，決定優先順位後選擇之。

以上，於設定、展開重點方針、目標、方案之際，列舉了應留意的事項。我們知道要完全實施這些不是容易的事情。好好觀察自己公司的方針管理實情，作成留意事項一覽表，使能好好實行合乎自己方式的方針管理。

實際展開方針或書寫方針書時，會出現種種不知如何是好的情形發生。

以下，因經理代理、資材課長、總公司的服務幕僚、以及中堅職員提出了疑問，所以讓我們來回答這些問題吧！

5.5.2 我是擔任經理代理的職務，有需要提示方針（重點方針、目標、方案）嗎？

可以考慮以下四種情形。

第一是當部經理的職位空缺時。在此情形裡，雖然是部經理代理的頭銜，但在機能上與部經理無異，所以有需要提示部經理的方針。

第二是上司的部經理在職，且部經理直轄的線上只有一位部經理代理，此外還有複數的部下，此時可以考慮兩種情形。其一是與部經理一起來決定部

的方針，這時候部經理代理的方針可以不要。另一是部甚大，對於與部經理分擔的部分，在業務執行上擔任實質部經理的任務時，此時對於所分擔的部分 有需要指示作爲部經理的方針。

第三是上司的部經理在職，且身爲部經理直轄的線上其複數位部下中的一位時。此時，部經理方針因部經理已指示，所以不需要。在部經理方針之中，身爲其中一位部下的部經理代理，其對於所接受的部分要指示方針。

第四是上司的部經理在職，不僅身爲部經理幕僚，同時也是部經理代理時，在此情形中，部經理代理是部經理的參謀，所以也許要製作部經理方針的草案。可是，它畢竟身爲參謀，並非是部經理代理自己的方針。部經理代理的方針包含在部經理方針之中，以幕僚的身分提示有關部分的方針。

5.5.3 我是工廠的資材課長，總公司也有資材部，在業務上有關聯。像此種情形，本課需要去展開工廠與總公司資材部兩者的方針嗎？

以工廠的資材課長之方針爲中心去展開。此外，當總公司資材部有要求展開方針時，也要對它展開。

5.5.4 我是身爲總公司的服務幕僚（人事教育課長），在此部門裡的方針展開要如何做呢？

方針管理的方針大多數以年初總經理所發表的重點方針作爲基本，然後去展開該重點方針，此重點方針如能與本公司的服務幕僚直接結合的話自無問題，但卻經常發生不是如此的情形。譬如，在公司方針之中，與人事教育有關者應經由人事擔當董事與人事部經理去展開。但是，當自己身爲課長想去展開時，然而看了部經理方針後，可能發現兩者均與自己的任務沒有直接關係。這時，以結論來說可以不必展開。

那麼與公司方針沒有直接關係，所以方針書可否交白卷呢？這也不然。

在其他部課的方針展開裡，如有向人事教育課要求具體的實施方案時，檢討其內容後可當作人事教育課的方案提出。

一般幕僚部門的方針展開像這樣對其他部課的服務甚多。

5.5.5. 我是中堅職員，我的上司雖提示目標數值，但達成目標的方案卻完全委任部下，像這樣的作法行嗎？

以結論而言並不好。雖然不好，但像這樣的上司也有很多。談到上司也有許許多多種，即使是董事級也有此種類型的。雖然是董事，自己就應該要有

努力去達成的目標值，且自己必須去思考達成目標值的方案。光是叫著「加油」、「全心投入」、「一定要達成目標」等，如此不能說是完成上司的任務。光說這些事情是誰都會的。

經常在經營管理中，只給予目標，然後委任部下，亦即手段、方法都由部下動腦筋去想，可以說是尊重部下自主性的良好管理方法，當然以此種方法也有獲致滿意的業績。可是，將全部的工作委託部下是無法順利進行的。依工作而異，全憑部下的經驗、能力、知識、創意也有提不出好的方案來。此時，上司需要提示方案、對策。但是，上司也並非萬能，也有浮現不出好手段的時候，此時與部下共同或者與上司或同級的人交換情報，來推敲適切的方案。總之，「每一位都去思考這是方針管理的基本態度」，希望大家能絞盡智慧提出有效的方案。

每位人員都去思考方案、對策，
這是方針管理的基本態度。

5.6 方針管理中的管理項目是什麼

5.6.1 方針管理的管理項目是什麼？如何設定、利用呢？

　　首先對方針管理的管理項目加以解說。所謂管理項目是「為了提高管理並合理的進行，列舉出所需要的項目。」

　　在此稍加簡單說明，即為「為了觀察管理的良否而設定出所需要的項目」。

　　一般，以企業經營管理的管理項目（大項目）來說，有：
1. 利益。
2. 銷貨收入。
3. 成本。
4. 品質。
5. 交期。
6. 安全。
7. 職員的能力。

　　這些應視企業內各部門別及職位別認加以細分、展開，成為各個的管理項目。

　　譬如，銷貨收入是部門別、地域別銷貨收入，或產品別每單位價格 × 量的加減值（率），成本是形態、部門、產品別成本，或每單位價格 × 量的加減值（率），品質是客訴、不良數（率）等。

　　又，在上位部門的管理者則是包含下位部門的總括性項目，而下位部門的管理者（包含領班），即為其職務範圍內的項目（一個一個的工作、業務行為，行動的結果與其條件、作法）。像這樣，管理項目不只是方針管理，在其他的諸管理上也是要有的。

　　將方針管理的管理項目更具體的說，各部門（職位）的負責人以自部門的方針來看，其所決定的目標與方案兩者，是該部門負責人的管理項目。

　　又，管理項目可以分成以下兩者。
1. 管理特性：作為工作、業務、方案的實施結果所得到的項目（結果系的管理項目）。
2. 檢查項目：為了獲得某結果有關行為、行動（工作、業務、方案的實施也是其中之一）及條件的項目（要因系的管理項目）。

　　在方針管理方面，以各部門（職位）的方針來說，目標是實施方案所期待的結果，是屬於「要因系統管理項目」。將此種關係說明於圖 15、16 中。

　　像這樣，雖然也能夠將管理項目區分來看，但本書並不特別加以區分，只將管理特性、檢查項目一併表示為管理項目。

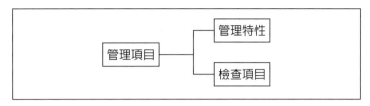

圖 15　管理項目

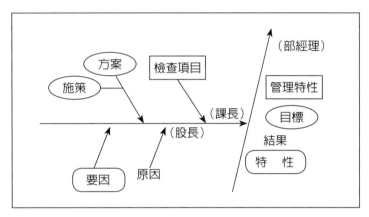

圖 16　要因系的管理項目

其次，談管理項目的設定與利用，這用於方針管理循環之中的以下階段。
1. 計畫階段（重點方針、目標展開與方案設定）。
2. 查核階段（目標的達成度與方案的進度狀況查核）。

對於 1. 如前所述，其方針管理的管理項目，由於是各部門（職位）的負責人作爲部門方針所決定的目標與方案兩者，所以管理項目的設定，並非是單獨的進行，而是各部門（職位）所進行的目標展開與方案設定，也就是管理項目的設定。但是，在方針書上以管理項目來說，一定要記載有關目標的項目，而有關方案的項目可視需要（應決定好用什麼來測量方案的進度）來記載。又，測定、掌握管理項目的狀況之資料名稱也要明確以利記載。

至於 2. 是用於查核方案實施的進展狀況及目標的達成狀況，如果進展、目標達成狀況不佳時，要掌握其要因與原因，並採取適切的處理。此查核、處置的作法，在有關查核與處置的一節中將會解說（第 6 章第 1 節）。

像這樣，管理項目在方針管理中自不待言，就是在其他的管理上也是需要的。各管理者首先明白「自己管理的是什麼？（管理項目）」，依此掌握狀況，透過適切的處置提高管理成果。請理解此處所敘述的，重新認識管理項目的重要性，爲了方針管理請設定及利用適切的管理項目。

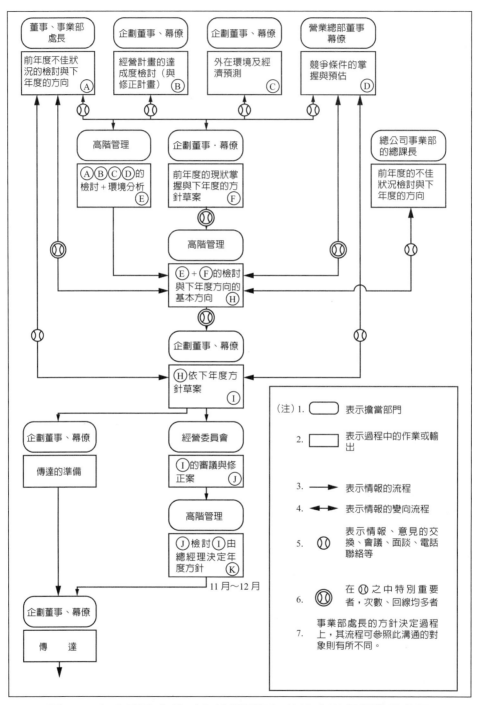

圖14 年度重點方針（方針與目標）的決定過程與擔當部門

第 6 章
方針管理的評價與診斷

本章內容

6.1　方針管理的查核、處置的目的與方法

6.1.1 方針管理的查核與處置，是為了什麼而進行的？

　　方針管理的查核、處置，大略而言是為以下兩者進行的。

1. 目標的達成。
2. 方針管理的穩定落實。

　　所謂 1. 的目標達成，是依照公司方針展開，並設定成各部門（職位）的目標與方案，如果方案切實的實施時，應該可以達成目標。但是，若方案因某些理由未加以實施（包含中斷），或是即使實施也仍有無法達成目標的情況。

　　此時可利用管理項目查核方案的實施。當目標的達成狀況，呈現如非期待的狀況時，應採取適切的處置，設法達成目標。這並不只是方針管理，其他的管理也是一樣，確實的去轉動管理循環 P—D—C—A 也是非常重要的。

　　所謂 2. 方針管理的穩定落實，是對方針管理的各循環（P—D—C—A）及全體的運用進行查核，找出有問題的事項，並進行適切的處置，使方針管理成為企業經營管理的一環。但是，為了使方針管理穩定落實所進行的查核、處置，在引進的一～三年之間要澈底的進行，希望能以適合自己公司的方式與運用形態去進行。

　　像這樣，方針管理的查核、處置，知是：

1. 在管理循環之中與整個管理系統的兩個側面上。
2. 兩者均是為了提高管理成果而進行（目標達成與管理系統的穩定落實）。
3. 為方針管理運用上的重點。

　　請確實的進行適切的查核、處置，以充實方針管理。

6.2 方案與目標的查核、處置

6.2.1 請就方針管理的查核、處置加以說明。

　　方針管理的查核、處置是在以下兩個側面上進行。
1. 管理循環之中（目標的達成）。
2. 管理系統整體（方針管理的穩定落實）。
　　此處就 1. 加以解說，2. 容後敘述。
　　此管理循環之中的查核、處置是由方針（重點方針、目標、方案）的各實施負責人、擔當者來進行。就各實施負責人、擔當者進行的查核、處置簡單來說，即為「查核管理項目的狀況，如果方案的進度、目標的達成狀況不好的話，須採取適切的處置」。
　　但是，此查核、處置是以下列事項作為基本前提。

1. 查核、處置的前提
(1) 公司的重點方針、目標已向各部門（職位）展開。
(2) 各部門（職位）為了達成自部門（職位）的目標，已充分檢討、研擬方案，且管理項目（包含查核、報告時期）也很明確。
(3) 已實施 (2) 所研擬、計畫的方案。

2. 查核、處置的基本
　　對於自己身為實施負責人、擔當者來說，自己查核、處置所決定的管理項目，此種「自主的查核、處置」正是基本的行動。
　　當發生只由各實施負責人、擔當者所無法應付的狀況與問題時，才須與上位者商談，以獲得指示（上位者的追蹤）。

3. 查核、處置的報告
　　方針的各實施負責人、擔當者，對於目標、方案雙方面，在所決定的時期（至少方案實施、目標達成期限的中間與最終時期兩次）進行查核、處置。
　　此外，定期的將查核、處置的狀況向上位者報告。
　　以下列舉定期報告一例，供作參考。

表2　定期報告示範例

管理階層	定期報告		
	報告者	報告對象	時期
事業部	事業部處長	總經理	每四半期
部	部經理	事業部處長	隔月十五日
課	課長	部經理	每月十日
擔當	擔當者	課長	每月五日

其次，說明各實施負責人、擔當者進行查核、處置的方法。

6.2.2 在方針管理中方案的查核是如何進行的？

以下對所研擬的各方案之查核加以說明。

1. 觀察所研擬的各方案是否好好的加以實施或實施到什麼程度。

此時，評價方案的實施進度狀況。在此評價方面，使用「階段、點數法」或「百分比法」等。以下以一例來說明。

表3　方案實施評分基準（例）

評分	對方案實施計畫（一年）進度評價基準	
5	對計畫來說實施進度狀況是	90%
4	對計畫來說實施進度狀況是	70～90%
3	對計畫來說實施進度狀況是	50～70%
2	對計畫來說實施進度狀況是	30～50%
1	對計畫來說實施進度狀況是	30%未滿

又，在此處請不考慮目標的達成度，只查核各方案的實施進展狀況。這是因為本來如完全實施與目標有關的方案時，應該就能達成目標，然而卻有只實施部分的方案也達成目標的，或即使實施全部的方案也未能達成目標的情形。

此處「未能達成目標，大概是方案並未好好實施吧？」等想法，其不考慮與目標的關聯，只查核方案的實施進展狀況。

由此種事情得知，從方案來進行關於方針的查核，想來較能正確掌握方案

的實施進展狀況（目標的達成、未達成要因的檢討、掌握，是在目標的查核之處進行）。

2.方案實施狀況的分類

方案的實施狀況有以下幾種。

(1)已切實實施。

(2)未能實施（包含未實施或部分實施）。

此處的 (1) 是指在查核的時期，所預定的方案已確實地完全實施（如在查核時期方案的實施進展狀況達 90% 以上）。

其他全屬於 (2)。

全部的方案應該加以實施，此處就各方案以實施進展狀況的查核為依據，來進行分類、整理。

3.有關方案實施、未實施的問題、要因的檢討、掌握

這是依據 2. 的分類，就所包含的各方案，來檢討問題點與原因。

對於 (1)「已切實實施」來說，實施後了解有問題點（譬如，需要相當的工數、時間、學習期間、資金）時，要將它提出來。

對於 (2)「未能實施」來說，為什麼不能呢？應掌握其原因（譬如，將優先順位放在其他工作之下、所需物品的延誤取得、機械、設備故障等）。

在此問題點、要因、原因的檢討上，經常使用以下三者。

(1)腦力激盪法。

(2)特性要因圖。

(3)關聯圖。

又，此問題點、要因的檢討、掌握是由各個實施負責人、擔當者或以部門單位來進行，為了達成目標這是非常重要的。從方案的實施過程中，確實的去掌握問題點與要因。當確實的掌握問題與原因，然後才能進行適切的處置。

6.2.3 目標的查核是如何進行的呢？

以下就各目標項目、目標值的查核加以敘述。

1.目標達成度的查核

從實績的實際數值（金額、件數、次數）或百分比來觀察目標的達成度（一般實績／目標）。此時，即為評價目標的達成狀況。

此評價也與評價方案的實施進行狀況相同情形，使用階段、分數法或百分

比等。今以一例來說明。

表4　目標達成評分基準（例）

評分	對目標的達成度評價基準	
5	對目標而言實績的達成率為	90%
4	對目標而言實績的達成率為	70～90%
3	對目標而言實績的達成率為	50～70%
2	對目標而言實績的達成率為	30～50%
1	對目標而言實績的達成率為	30%未滿

此處對各方案的實施進展狀況雖已加以查核，但與此無關仍請查核目標的達成度。但是，若遇到查核正當在各方案的實施途中（包含中間查核期間），請注意須利用至此時期為止，預計期待達成的目標值與實績值來查核達成度。

2. 目標達成度的分類

各目標項目的目標值其達成度有以下兩種情形。

(1)達成目標。

(2)未達成目標（包含一部分達成）。

此處首先將各目標項目的目標值分類成 (1)、(2)，其次將與此有關聯的各方案予以對應（實施狀況分類者）分類。

在此分類、整理上可以使用矩陣圖。由此可以了解目標的達成度與方案的實施狀況的關聯，有助於檢討、掌握與處置下次的要因。

3. 目標達成、未達成、要因的檢討、掌握

這是利用 2. 的分類，來檢討、掌握各目標的達成、未達成。

在 (1) 的「達成目標」者中，也有認為「可以不需要特別考慮要因也行」的人，但是如前所述，因為並非是實施了全部的方案，以結果來說卻也有達成目標的，究竟哪一方案的貢獻最大，或是其他的要因造成的呢？應適切加以掌握，期能對下次有所助益。

至於 (2) 的「未達成目標」者，大致可分成以下兩種。

①還無法完全實施全部的方案。

②切實實施全部的方案。

關於①的情形，由於方案未實施，其要因理應已有所列舉，所以請重新檢

查這些要因。

但是，即使消除這些要因，且實施了全部的方案，也依然難以達成目標時，須包含以下的②進行檢討。

至於②的情形，很可惜以往的方案仍有欠周到之處。

因之，可實施次佳之方案，若不然就須依據方案設定的步驟，來設定達成目標的方案（參照有關方案設定的 Q&A）。

又，此處是目標的達成、要因的檢討、掌握，這對應於 5.4.1 方案設定的1.目標確認與問題點指出、重點掌握；而以下的處置則對於同節之方案設定2.的方案進行檢討、提出。

又在這些目標達成、未達成、要因、原因的檢討、掌握方面，也經常使用以下的手法。

(1)腦力激盪法。

(2)特性要因圖。

(3)關聯圖。

以上是方案與目標的查核方法。

此處，利用查核可以適切掌握有關方案的實施、未實施的問題、要因以及目標的達成、未達成，有助於下面的處置。

因之，這些的檢討過程與各種的問題、要因與下面的處置均要留下紀錄，以謀求有效活用。

6.2.4 在管理循環中處置是如何進行的？

此處置是經前面的目標與方案的查核後，對於目標未達成者，消除其未達成原因，並檢討、提出、決定、指示、實施達成目標的方案。

其中至方案的檢討、提出、決定、指示為止，與方案的設定（有關方案的設定參照第 5 章第 4 節）基本上是按相同的步驟進行。因之，此處避免重複不擬記述，請參見有關方案設定的解說。

以下將此處置與定期報告合併一起，就各實施負責人、擔當者及各部門應進行的事項加以說明。

1.處置案的檢討與提案

消除了經查核所掌握的目標未達成要因之後，進行檢討、提出達成目標的方案，將此當做處置案，與對上位負責人（上位部門）進行報告時一併提出。關於此要留意以下事項。

(1)處置案的檢討，以目標達成為基本，由各實施負責人、擔當者進行（有時也包含上位負責人來檢討）。

(2)定期報告一定要進行，並且善加利用自主的查核，於需要時隨時進行。

　　此處，各實施負責人、擔當者對上位負責人（部門）所進行的報告，並不只是目標與方案的查核結果，對於目標未達成者，須提出其處置方案也是非常重要的，應將自己的想法表現在方案上。

2.上位負責人（上位部門）的處置

　　上位負責人接受了由下位各實施負責人、擔當者對方案目標的查核結果與處置提案之後，依其內容採取以下的任一處置。

(1)在上位負責人（部門）的責任範圍內能處置者

　　在處置案之中，如有適切者即將它作為處置方法，如無，則與下位的各實施負責人、擔當者檢討、提出處置案，並決定處置方法。

(2)光靠上位負責人（部門）無法處置者

　　此時，上位負責人將自己、自部門對方案目標的查核結果，與自己、自部門所想的處置案（這參照 (1) 進行檢討、提出者）向上位者報告、提出。

　　其次，兩者（報告、提出者與其受理上位者）及有關部門負責、擔當者進行檢討、提出處置案，並決定處置方案。

　　又，此處也進行以下事項。

①以處置來說，方案的適切變更是最重要的，偶爾也會發生目標變更。

②在處置方案的決定之中，也有重新決定實施負責人、擔當者的情形。

③當在各企業所決定的方針管理循環期間內，而未能採取處置時，應將查核結果與處置方案加以活用並反映在下期的計畫中。

　　另外，對於所決定的處置方案來說，以下事項是非常重要的。

①要與所查核的方案、目標有關，並與其檢討、提出過程一同記入。

②所決定、提示的處置方案要確實實行，然後一定要查核其結果（視需要再度檢討、提出處置方案）。

　　以上是有關處置的實施事項。

　　至此為止是各實施負責人、擔當者在管理循環之中進行查核、處置的方法。請在適切的時期與時機下來進行，謀求目標的達成。

6.3 整個方針管理系統的查核、處置

6.3.1 整個方針管理系統（方針管理的穩定落實）的查核、處置是如何進行的？

整個方針管理系統的查核，是謀求方針管理的穩定而形成的。

對於整個管理系統的查核、處置，是以方針管理的各循環，以及全體的運作為對象來進行的。並且，此查核、處置是由總經理及各部門的管理者、方針的實施負責人、擔當者等所有人來進行的，與管理循環之中的查核、處置有以下的不同。

1. 對於方針管理的各循環及全體，可決定共通的查核項目，利用此進行查核。

   在方案、目標的查核、處置中，其所展開、設定的目標、方案並非相同，無法決定共通的查核項目。

2. 對於利用查核所指出的問題事項，其處置是有關整體管理系統的，一般大多由上位部門（事業部或全公司層次）來進行。

   在方案與目標的查核處置方面，在上位負責人（部門）的責任範圍內能處置者相當的多。

   但是，在下位部門裡能處置者卻是很少，也不只是進行查核而已，透過查核所指出的問題點也要考慮其處置案，並向上位負責人報告及建議。

3. 查核、處置的時期，在方針管理的循環轉了一圈之後，全公司的各部門（職位）一起進行的居多。

   在方針與目標的查核、處置方面，各方案、目標在所決定的時期裡進行。此時期並非全部均為相同時期。

   像以上管理系統整體的查核、處置，與管理循環之中的查核、處置是不同的。此外，因各企業的方針管理營運上之特性出現相異的情形，或許也有關係吧。

   首先，要好好掌握、認識此種之不同。對於整個管理系統的查核、處置來說，除了前述不同的地方外，基本上與管理循環之中（方案、目標）的查核、處置方法相同。

   以下就整個管理系統的查核、處置上應留意的事項予以揭示說明。

6.3.2 請說明整個方針管理系統（方針管理的穩定）在查核上的留意事項。

1. 設定共通的查核項目

這是為了查核方針管理的各循環，以及整個營運如何進行而實施查核，因

之須決定全體的共通項目。

　由高階、管理者、擔當者等有關人員全員來檢討、設定。

　又此時應考慮以下事項。

(1) 使方針管理作為企業經營管理的一環，予以形成、穩定。

(2) 查核項目數量儘可能少。

(3) 簡單、易理解，不會有誤解的表現。

　以下揭示查核項目一例，供作參考。

表5　查核項目一例

管理循環（階段）		查核項目	查核
P（計畫）全體、重點方針展開、目標展開、方案展開	1. 方針展開、設定整體	①前期的結果解析與問題點的掌握是否正確 ②在整個計畫上做重點導向嗎 ③有無進行面面俱到的情報、意見蒐集與上下左右的溝通 ④方針會議有計畫性、效率性的實施嗎 ⑤管理項目與查核時期有適切設定否	
	2. 重點方針展開	①是否將重點方針以具體且易理解的方式向下位指示呢 ②重點方針的傳達確實進行嗎 ③重點方針的方向上下一致展開嗎	
	3. 目標展開	①目標項目的展開有適切嗎 ②目標值的展開是否實際且有無理解性 ③目標能喚起意願嗎	
	4. 方案設定	①方案的檢討之際，是否適切掌握了目標達成上的問題點，並集中重點呢 ②方案是相互腦力激盪決定出來的嗎 ③方案是選定目標達成度高的嗎 ④方案是具體的表現並能照計畫實行的嗎 ⑤方案的實施擔當、分擔有適切決定嗎	
D（實行）	5. 方案實施	①重點方針、目標、方案實施負責人、擔當者都適切理解了嗎 ②方案是具體且能實行嗎 ③方案實施日程適切嗎 ④與其他部門的合作順利進行嗎 ⑤方案在目標達成上是否有效、適切	

管理循環（階段）		查核項目	查核
C（查核）	6. 目標達成度、方案進行狀況的查核	①有在所決定的日期查核管理項目嗎 ②管理項目（目標項目目標值、達成度、方案進行狀況等）適切否 ③實施狀況的掌握，在數據、其他上明確嗎 ④實施狀況查核後，問題點與其原因的掌握有確實進行嗎 ⑤計畫階段是否欠缺深思熟慮	
A（處置）	7. 期內的處置與下期反映	①有無檢討、提出清除問題點的方案 ②實施狀況的報告適切否，又此時是否提出消除問題點的方案呢 ③處置方案是否迅速、適時的傳達並實施呢 ④處置方案檢討、提出的過程，是與所查核的方案、目標有關且加以記錄及活用否 ⑤為了反映下期： 　a 是否以數據掌握本期的問題點 　b 檢討、提出了清除問題點的方案否 　c 在與長期計畫之關聯下，檢討下期的方案否	
整個方針管理	8. 方針管理全體運作，以及其他	①方針管理的一次循環期間適切否 ②方針管理的循環經常轉動否 ③在方針管理與其他管理之關係上，有無應改善的地方 ④在使方針管理穩定落實的方面，現狀的職制與推進組織上有無應改善的地方 ⑤方針管理所使用的文書、格式有無改善的地方	

2.評價方法

以評價的方法來說，經常使用階段、點數法。

評價雖按各項目進行，但即使使用階段、點數法（像五級、五分法等）時，也要考慮以下事項。

(1)各查核項目要考慮其重要度並能保持均衡。如果不能均衡，可事先加上權數。

(2)整體、各管理循環與其階段別均能利用查核來評價其狀況。

(3)但是，查核、評價應設法使之簡單且不要花費太多時間。

3. 查核時期

關於此，前面曾提到方針管理轉動一圈之後，將查核與處置合在一起一同進行的居多。

這是在查核、處置之中，特別是「處置」與其在管理循環的各階段的終了時，從處置那兒所提出的問題點，不如在管理循環轉動一圈後，從整個系統的觀點來採取處置，較能一致且適切有效。

但是，對於「查核」來說，在管理循環的各階段終了時進行也是可以的，特別是對於 P（計畫）的查核，與其等管理循環轉動一圈之後，不如在結果不久時來掌握狀況更為清楚。

因此，對於查核的時期，應考慮以下事項。

(1) 在管理循環的各階段終了時

　　P（計畫）在其終了時，D（實施）以後在各方案結束時。

(2) 等管理循環轉一圈之後

此處是就整個方針管理與前面所進行的管理循環，將其各階段的查核予以整理。又，此查核不單是查核、評價，低評分者不要忘了要提出其原因。

6.3.3 請說明整體方針管理系統（方針管理的穩定落實）在處置上的留意事項。

首先，各實施負責人、擔當者應將查核結果的報告，以及就管理系統的各循環與全體，將消除問題點（包含原因）的方案當做處置案，一併向上位負責人提出。

此報告、提案的時期以定期報告（包含管理循環轉一圈之後）居多，視需要也可適時進行。

像此種所提出的問題點、提案由上位負責人（總經理、事業部處長）與有關人員檢討之後，再決定處置方案。

此處置方案的檢討、提出、決定、指示，與方案的設定步驟基本上是相同的。

此時應著眼於以下幾點來進行。

1. 再度確認管理系統的查核、處置的目的，從整個公司的觀點來考慮目的。
2. 並且，為了使內容充實，採重點導向進行系統的改善。
3. 不要使管理系統變成形式化，應能應付狀況的變化。
4. 容易理解且能確實實行。
5. 簡單且以最少的時間即可解決。

以上是針對整體管理系統說明查核、處置的留意事項。

參考此處所列舉的查核項目與查核、處置有關的留意事項，並考慮公司的

實情，作成容易實行且能適切進行的。利用此查核、處置設法提高方針管理的水準，使其能以獨自的優越經營管理手法落實在企業之中。

常利用查核、處置可以提高方針管理的方針水準。使其能以獨特的優越經營管理方法落實在企業之中。

Note

6.4 方針管理的診斷目的與方法

此處的方針管理診斷，只以診斷來說，可分成以下三點來考慮。
1. 診斷的目的。
2. 診斷的方法。
3. 診斷的重點。

6.4.1 方針管理診斷的目的為何？

診斷由於是被當作方針管理的查核、處置中的一環來進行，所以其目的有二。

1. 方案的達成、目標的達成

包含本期目標的達成及活用於下期方針（重點方針、目標、方案）的計畫研擬上。

2. 方針管理的穩定落實

包含方針管理的各循環及整體管理系統的運作。

診斷是為了達成此兩大目的而進行，診斷者（總經理、事業部處長、部經理等）的具體診斷目的，有以下幾種。

(1) 聽取有關方針管理的報告，掌握整個公司、部門方針（重點方針、目標、方案）的實現度。

(2) 以整個公司、部門來說，要蒐集種種活的情報。但在此種正式的場合中，不佳的情報是難以進來的。對於想追究事項的情報，由被診斷者的部下直接到實施方案的擔當者那兒去蒐集，才是最正確的且情報的品質也較好。

(3) 關於方針（重點方針、目標、方案）除了給予建議、指導、指示外，視需要診斷者應親身採取適當的處置。

(4) 了解全公司、部門的實態，找出問題並指出本質，有助於下期（下年度）方針計畫的研擬以及管理系統的改善、檢討。

(5) 作為下期經營計畫設定的最大情報線。

(6) 於現場與部下直接接觸，聽取狀況、提案，交換意見，有助於士氣的提高，並作為寶貴的 OJT（在職訓練）場所。

(7) 作為診斷者（總經理、事業部處長、部經理等）自身活用的研修場所。

診斷者在報告後有義務要提出兩、三個評語（Comment），此時光靠質問就行事的診斷者可以說是學習不夠吧！要掌握重點並指示改善的方向。

　　診斷者進行公司、部門診斷的結果，應自覺「這本身也是對診斷者的診斷結果」，這是非常重要的。

　　又，將診斷與業績評價、人事考核相結合的情形也有，本書並不以此作為目的，掌握各部門的方針實現度與方針管理的推進狀況及問題，為了達成前記 1.、2. 的目的，兩者（診斷者與被診斷者）協力改善，並使之實現作為目的。

6.4.2 請說明方針管理診斷的方法是什麼？

　　診斷一般由高階及上位管理者來進行。

　　關於此診斷名稱、診斷者、診斷對象者、時期等資訊，請參照下表。

表 6　方針管理診斷相關資訊

名稱	診斷者	診斷對象者	時期
總經理診斷	總經理	各事業部處長	九月、三月
事業部處長診斷	事業部處長	各部經理	六月、九月、十二月、三月
部經理診斷	總經理	各課長	六月、九月、十二月、三月

　　診斷者、診斷對象者可參照上表來進行。

　　此處所說明的時期（次數），是將方針管理的循環當作一年，請以最少次數來想。雖依公司的規模而異，如有可能，稍為增加診斷次數為佳。

　　時期依各公司的方針管理循環，來決定適切的時間。

　　當「診斷時期」與「定期報告時期」相同時，可於診斷實施報告或提出定期報告時，一同進行報告事項。

　　又，此處的方針管理診斷是表示至部經理為止，而依公司的規模或需要也可考慮其他的診斷。

　　另外診斷是指以下的事情。

1. 診斷時期。
2. 原則上診斷者到診斷對象部門（有時也有集合在診斷者的地方實施的）。
3. 達成診斷目的，進行查核、處置。

　　以下就具體的診斷方法列舉實施事項。

1. 診斷是診斷者（總經理、事業部處長、部經理）就所有的診斷對象部門進行。
2. 視需要診斷者可讓副總經理（董事）、事業部副處長、副經理級的人列席，又診斷對象可讓診斷對象部門負責人以外的下位部門負責人、擔當者

列席。

3. 事前基於診斷對象、內容、場所、被診斷者人數等，來製作日程表，並向有關人員周知。

此時，應留意以下幾點。

(1)診斷是依據診斷對象者的報告、提議（包含書面的診斷會形式），以及診斷者一面觀察實際的場所、一面進行診斷（現場診斷形式），其兩者一併實施。

(2)要診斷所有的診斷對象，其前提是要做好日程表（假如沒有時間的話，一開始時先到絕不能捨去的診斷對象部門）。

4. 診斷時所使用的有關文書，在診斷日一週前要交給診斷者。

5. 診斷是診斷對象部門的負責人、擔當者各自依如下順序進行。

(1)對於自部門及負責、擔當的事項，方針的實現度、方針管理推進狀況的報告與提議。

(2)接受診斷者所提出有關不明事項的質問。

(3)報告者回答。

(4)診斷者的評語（包含處置方案的指示）。

由於此報告、質疑回答、評語是對每一位報告者進行，所以此時診斷對象部門是全體有關人員一同列席，或只由有關人員列席呢？可以適切的自行決定。

6. 要嚴守報告、質疑回答、評語的時間。在診斷會場裡設置時間計時器。

7. 報告者要正確、簡潔的傳達以下事項（可以預先排演）。

(1)關於方針的實現度。

　　① 以往的狀況
　　　　目標與其達成度
　　　　方案的實施、進展狀況
　　② 以往的問題點
　　　　關於目標、方案的問題點與其原因
　　③ 此後如何做
　　　　此後的目標與處置方案

(2)關於方針管理的推進狀況。

　　① 以往的狀況
　　　　方針管理的查核狀況
　　② 以往的問題點
　　　　方針管理的各循環及全體運營上的問題點、其原因
　　③ 此後如何做
　　　　關於問題點的處置方案

又，對於不明事項的質問也要回答。

8. 診斷對象的負責人雖與下位部門負責者、擔當者的報告、提案上同席，但不是對報告、提案的質問，而是爲了補充報告或使提議內容更爲充實，進行一、兩個補充說明。

9. 診斷者一定要對進行報告、提案的每一位人員進行評語，像是關於報告、提案的感想，或指示具體的處置方案等。

有時，評語就只是一句勉勵話也行。高階或上位管理者直接的評語或激勵，對鼓舞報告者的士氣常有意想不到的效果。

又，高階身爲診斷者時，對提案不一定需要當場給予承諾，只要聽聽即可。

10. 診斷後，診斷者對診斷對象部門要進行診斷結果的報告（書）與改善勸告（書）。

此改善勸告是指示改善事項與其改善方案，接受此改善勸告的診斷對象部門之負責人，應負起確實實施的義務。

對各勸告事項是否採取處置並加以查核，這可作爲日後向診斷者報告的系統。

以上是診斷方法的實施事項，與現場診斷形式一併進行時，其內容也是相同的。

但此診斷在最初常會流於結果的查核、評價、追究。

爲什麼會變成此種結果，應好好掌握其過程與其原因，採取適切的處置，爲了進行診斷也可考慮活用顧問。

6.4.3 請說明方針管理診斷的重點。

最後敘述關於診斷的小重點。

診斷的重點也許依診斷者的階級而有不同。此處就總經理、事業部處長級的診斷重點，列述如下。

1. 以整體性的、構造性的、長期性的觀察，來看全公司、各事業部、各部的方針是否理想。

2. 重點方針是否簡明的解釋了總經理、事業處長的意圖，並向所有人員傳達、滲透了呢？

3. 目標的展開適切，目標值是否可喚起挑戰意願。

4. 好好掌握重點課題，對目標是否設定了有效的方案呢？

5. 在方案設定上，有無引進機能上的想法（質、量、成本、交期、安全、人—Q、P、C、D、S、M）。

6. 在方案的設定、實施上，是否活用職員的自主性、創造性。

7. 在目標展開、方案設定、實施上，公司內部門之間（總公司與事業部、各事業部、各部、事業部內各部、課等），其縱橫的合作協力是否順利進行。

8. 方針管理的循環（P—D—C—A）是否適切轉動。

9. 透過方針管理循環的各階段與全體，各部門的管理者是否發揮領導力。

10. 方針管理循環的實踐度如何？工作與方針管理是否結合成一體，有無以方針推進工作否？方針書（方針實施計畫書）與實際的業務是否完全分別存在？

11. 在報告中，是否按時間排序將以下的事項明確加以區分，並且簡明的加以提示、說明呢？

(1)年度當初的課題、目標與方案（C—A—P）〔過去〕。

(2)實施狀況、問題點與處置方案（D—C—A）〔現在〕。

(3)初期、將來的課題與應行措施（C—A—P）〔未來〕。

12. 報告內容有事實的證明否，是定量的嗎？

13. 報告是否按要點適切進行，已遵守時間否。

14. 組織獨自的特色、特性是否出現並加以活用否。

15. 全公司、各事業部（各部）的將來計畫其實現性如何。

16. 人心的掌握、職員的能力提高、人際關係、領導方式、組織的活性度如何。

17. 診斷對象者是否與其職位相當？

又，總經理與事業部處長的診斷對象範圍不同，考慮此事與各企業的特性，取捨選擇此處所列舉的診斷重點或逕自補足。

另外，關於部經理級的診斷重點，可參考此處所列舉的事項來決定即可。

第 7 章
方針管理與全面品管

本章內容

7.1 方針管理與全面品管

7.1.1 推動全面品管方面，重點事項有哪些？

推進全面品管方面，其重點有以下四項。
1. 全面品管推進的理念與著眼點的明確化：在經營計畫、品質方針、全面品管推進目標、企業的社會責任之達成等方面，高階的政策應該明確。
2. 方針的明示與達成：爲了達成 1. 的理念，決定應著手的目標，集合全公司、全組織的智力來達成。
3. 系統的整備：爲了使 1. 與 2. 的實行不會落空而能順利進行，須成立組織機構，推行標準化。
4. 教育的實施：爲了使 1.、2.、3. 有效率的進行，必須將全面品管的想法、技法向員工教育是非常重要的。

7.1.2 全面品管的核心是什麼？

全面品管的核心，係在於明確的高階政策賴以維繫的方針策定與實行，亦即是方針管理。事實上，各公司在引進全面品管之後，遲則一～兩年之後即引進與活用方針管理，擬作爲全面品管推進的支柱。此目的在於希望所有階層要能明確各自的方針，亦即目標與方案，以達成高階政策。特別是高階、管理層次明確應實施的事項是什麼，這也可以說是方針管理。

7.1.3 方針管理的領域有哪些？

方針管理的有關領域甚廣，涉及的課題有品質保證、利益（成本）、生產量、人事、安全等機能別管理的問題、或與管理項目的關聯、推進方針管理的組織與其經營、以及具體如傳票的設計等標準化之問題等爲數甚多。

7.1.4 今後推進全面品管，應加強哪些重點？

今後推進全面品管，有以下五項重點。
1. 包括高階在內的管理者與幕僚，其在品質管理中的重要性。
2. 方針管理的充實。
3. 充實研究開發之品質管理。
4. 充實營業部門之品質管理。
5. 品質管理的技法（包括語言資料的整理和分析技巧）之開發與活用。

表 7　全面品管的想法與重點

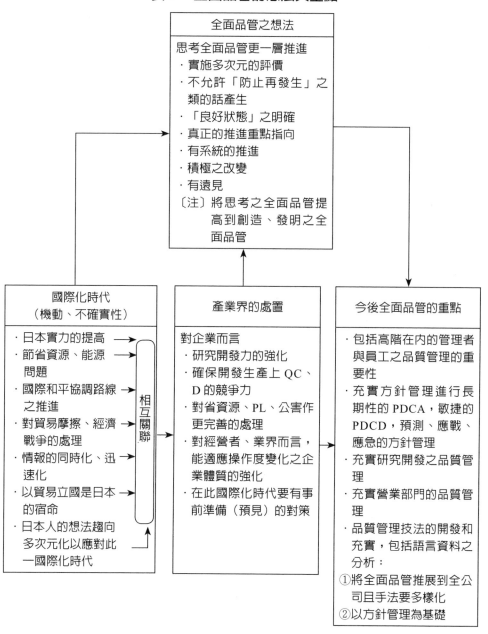

全面品管之想法

思考全面品管更一層推進
・實施多次元的評價
・不允許「防止再發生」之類的話產生
・「良好狀態」之明確
・真正的推進重點指向
・有系統的推進
・積極之改變
・有遠見
〔注〕將思考之全面品管提高到創造、發明之全面品管

國際化時代
（機動、不確實性）

・日本實力的提高
・節省資源、能源問題
・國際和平協調路線之推進
・對貿易摩擦、經濟戰爭的處理
・情報的同時化、迅速化
・以貿易立國是日本的宿命
・日本人的想法趨向多次元化以應對此一國際化時代

相互關聯

產業界的處置

對企業而言
・研究開發力的強化
・確保開發生產上 QC、D 的競爭力
・對省資源、PL、公害作更完善的處理
・對經營者、業界而言，能適應操作度變化之企業體質的強化
・在此國際化時代要有事前準備（預見）的對策

今後全面品管的重點

・包括高階在內的管理者與員工之品質管理的重要性
・充實方針管理進行長期性的 PDCA，敏捷的 PDCD，預測、應戰、應急的方針管理
・充實研究開發之品質管理
・充實營業部門的品質管理
・品質管理技法的開發和充實，包括語言資料之分析：
①將全面品管推展到全公司且手法要多樣化
②以方針管理為基礎

7.1.5 方針管理實施的有關條件？

方針管理包含以下諸項條件：

1. 方針管理是在企業經營活動中，關於以品質機能為中心的各種機能（成本、生產量、人事、開發等），企業必須採取的方向予以重點性的指示。在每個適當的期間（長、中期、年度、期）進行計畫、實施、反省和不斷的改善，以達成目標的一種企劃→非五花大綁主義。
2. 方針管理是以全面品管的理念和品質優先的想法為基礎，以此來評價其業務之品質，並檢查出不佳狀況而加以改善，以促進業務之提高。因此，是一個可以達成經營目標的計畫→不是結果管理。
3. 方針管理是經由其實行，使高階層以下之全體員工都能參與的一種計畫。而所謂全體參加，是有系統的將全體員工的知識技能集結起來，為達成企業目的而努力→不是部分之實施。
4. 方針管理是掌握企業經營上的真正問題點，制定改善目標與方案。在實行階段則要考慮所有的相關事項，抓住問題的本質，選擇最適當手段，此乃是全公司有計畫和實施的系統→不是各部門零散的實行。
5. 方針管理在達成以上 1.、2.、3.、4. 項課題之過程中，也包含了評價方針管理系統本身之優劣和改善的活動。

7.1.6 推進全面品管時，期望全體員工具備哪些項目？

推進全面品管之時，期望全體員工皆能具備以下十三個項目：

1. 實施全體員工參與的經營。
2. 轉動 PDCA 之循環，並謀求盤旋而上（Spiralup）。
3. 重點導向。
4. 依據事實進行管理。
5. 重視過程管理（不只是結果而已）。
6. 貫徹消費者導向（不可生產出來即算了事（Product out））。
7. 後工程是顧客。
8. 製定有用之標準（未加活用改定是不行的）。
9. 重視差異的管理（不只是平均）。
10. 統計方法、品質管理技法之活用（不可空手截流，要學習活用適當的工具）。
11. 以品質管理記事來說明（要獲得別人的幫助，必須以易懂的說明來說服別人）。
12. 貫徹源流管理（斬草要除根）。

13.尊重人性。

7.1.7 全面品管中的方針管理與一般的目標管理有何不同之處？

全面品管中的方針管理和一般的目標管理之相異處：

1. 方針管理是以品質和品質保證系統爲中心來進行改善，並以經營體質的強化爲目標。
2. 方針管理不僅重視目標的達成度，對於方案的設定，即在設定達成目標之方案上，要集合全公司、各部門的知識能力，爲其重點。也就是重視達成計畫的規劃。
3. 因此，對於評價方案之實施，也不會落於結果主義，而是在實施過程的好壞上予以評價，並重視進行方法的改善，也就是重視實行的過程。
4. 在目標的達成上，也不會各部門零散的各自爲政，而是全公司、各部門有機能性、有系統性的共同協力進展。
5. 以上全部過程都採重點導向，每個年度都重複 PDCA 之循環，重視在方針也就是目標及方案的達成水準和進行上改善。

7.1.8 方針管理引進的要訣是什麼？

方針管理引進的要訣即爲在引用方針管理之初，應當對上年度或是以往的實施狀況加以反省，即要充分地實施查核的活動，唯有如此才能眞正掌握當年度方針計畫的核心所在。

7.1.9 方針管理的實施前提及其想法爲何？

方針管理的前提及其想法：

1. 全公司的人員如果沒施行的意願是不行的。
2. 所謂方針管理是改變工作的結構。
3. 方針管理的精神是動態的。
4. 維持日常管理。
5. 必須認清一開始就瞄準最高水準是多餘的事實。

7.1.10 方針管理的問題點有哪些？

今以圖形整理如下。

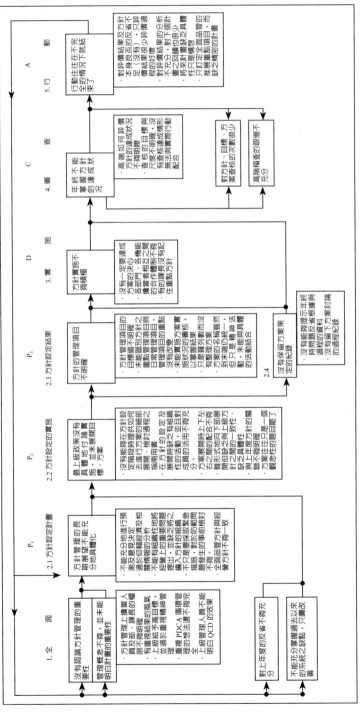

圖 17　方針管理問題點分析

7.1.11 方針管理的進行程序為何？

　　以下是方針管理程序的概括圖，從上而下依次為職位、程序、方法、各個步驟的留意點和效果等。

1.第一步驟：決定方針、方案
　　將需要實行的方針、方案明確化。明確地顯示出品質、數量、成本等直接面臨的問題，最後的目的在提高其部門的業績、培養人才。
(1)將前一年度或前一期的方針、實施項目、實施經過、目標的達成度、反省等明確化。不只要評價其目標的達成度，並且要重視推行過程的評價。
(2)該年度或該期，部門所屬的企業環境、或是想像的計畫及其問題點、部門本身的問題點等，必須充分地列出。
(3)應該認識品質問題（Quality Q）、成本問題（Cost C）、生產量問題（Product P）等其中任何一個問題，到最後經常會歸之於品質問題。
(4)如第 (3) 項所述，品質、成本、生產量（Q、C、P）各個機能，經常複雜地關聯在一起。因此，在這個階段應該製作關聯圖。
(5)關聯圖的作法是，在中央寫出該部門的問題點、企業環境、計畫等，在其周圍寫上上級職位之方針及實施項目，並在外側記載下級職位的項目，這種作法，可以看出其相互間的關聯。
(6)各個職位的實施項目可以分成三個種類。亦即，以自己為中心的實施項目、交給部屬負責的實施項目，委託其他部門代行的實施項目。
(7)並且，列舉部門的問題點、計畫、企業環境所必備的條件（g_1, g_2, ……, g_i），然後將為了改善或達成這些條件所需的各種實施細節，以 KJ 法或腦力激盪法大量列舉出來（d_1, d_2, ……, d_m）。把這些實施的細節再匯合成實施大項目（D_1, D_2, ……, D_n），綜合成實施方針（P_1, P_2, ……, P_r）。也可以將經歷這些過程所確立的方針，以反方向地使用系統圖來展開、整理實施的項目。這時，必須特別注意不要遺漏各個職位的實施項目。

2.第二步驟：選定實施項目
　　選定實施項目，決定目標值、交貨期。在此最重要的是負作用的考慮。
(1)整理第一步驟的結果，選定各個職位的實施項目。這時，不只要決定目標以及交貨期等，對於可以投入的資源（人、設備、預算等）也必須事先盤算。
(2)目標值一般必須設定在不經相當努力即無法達成的水準，並且要使之具體化。
(3)為了消除這些負作用所必要的實施項目，當然也必須列入考慮。

3.第三步驟：年度或期間內各實施項目之展開

選擇、比較、評價各種程序方法，從中選定實施的程序，查核是否有考慮到其限制條件。

(1)前面的步驟是決定各個職位的實施項目，這些項目必須更細分成各個期間或是年度的具體內容。

(2)即使決定了實施項目、目標、期限，其達成方法也不只一個。亦即，雖然目標只有一個，但是作法卻有好幾種，應該從各種方法中選定實施的方法。但是在選擇時應該考慮的問題是：各種方法的資源經濟性或是限制條件。在此所謂的資源是預算、人、設備等問題。

(3)針對一個實施項目，必須設想其可能發生的負作用（第二步驟中的第(3)項），這個步驟的細節內容之實施也必須考慮到這一點。並且，對於必須仰賴其他部門協力的事項，在其關聯部門也要展開各種實施細節。

(4)細部作業的各個步驟，是構成實施項目目標達成的要素。因此，每一個步驟的目標，究竟要用什麼來評價其好壞，必須使之明確化。

4.第四步驟：評價各個實施項目及細部作業的重要程度，然後整理實施的內容

(1)至第二、三步驟為止，實施項目包括其細部作業的內容等，作業量非常龐大。要將全部實施，有時是不可能的事。因而，一定要從龐大的項目數量中評價其重要程度來選擇實施。並且，並非所有的項目皆要在該年度或該期間實施。若重要程度較低的項目，可以挪入下期實施。

(2)在評價重要程度時，最好是由比較了解評價對象項目的人（與多數領域或職位有關聯的人）來評價。

(3)評價的意義不是單以重要程度之決定為目的。在某些場合，給予平均性的評價不一定有意義，更重要的是要獲得與實行有關係的人員一致同意。

5.第五步驟：將實施項目的細部作業作時間序列性的排列

(1)到前面的步驟為止，將應該提出的項目以及有關的細部作業，已經明朗化了。其次的課題，是針對細部作業之各個步驟的內容，決定其必要的實行期間。

(2)各個實施項目其細部作業的每個步驟，應該有其實行的順序。其作法可以用箭形圖解來表現。

(3)什麼步驟是達成最後目標的瓶頸，這點必須明確化。

6.第三步驟至第五步驟的進行方式：過程決定計畫圖（PDPC）法的運用

(1)對於實施項目細部作業的每一個實施步驟，必須設想其失敗時的代替手段和緊接的對策。

(2)因場合的不同，有時可以在第三步驟以系統圖來表現實施的項目後，再以 PDPC 法作時間序列性的展開。

7.第六步驟：決定每個月的實施項目

(1)按月分決定該月的實施細節，並決定每月分的目標。

(2)有關各個實施細節，應該將負責人員、實施時期、進行方式等資訊，儘量具體化、明確化。

8.第七步驟：實施月別評價

(1)所謂評價，是爲了了解決定事項的實施與其達成的水準。

(2)評價是爲了找出推行結果的缺點，不是尋找叱責的根據。

9.第八步驟：在期中實施高階層診斷

(1)在年度內或是期中，必須實施高階層診斷，根據各部門的方針追蹤實施的事項。

(2)各部門的方針以及實施項目，必須根據市場的變化、新出現的問題點，或是推行的結果，做適度的修正、變更或追加。並掌握部門間調整的重要性。

(3)高階層診斷的目的之一，就是要掌握其達成狀況，並思考解決問題的可能方法。並且，對於高級主管本身對品質管制（QC）的理解和教育的進行，具有很大的功能。

10. 第九步驟：實施年終綜合評價

(1)整理達成的狀況，並整理問題點。

(2)整理次年度方針計畫的必要事項。

(3)不能只論結果，更必須重視推行的過程。

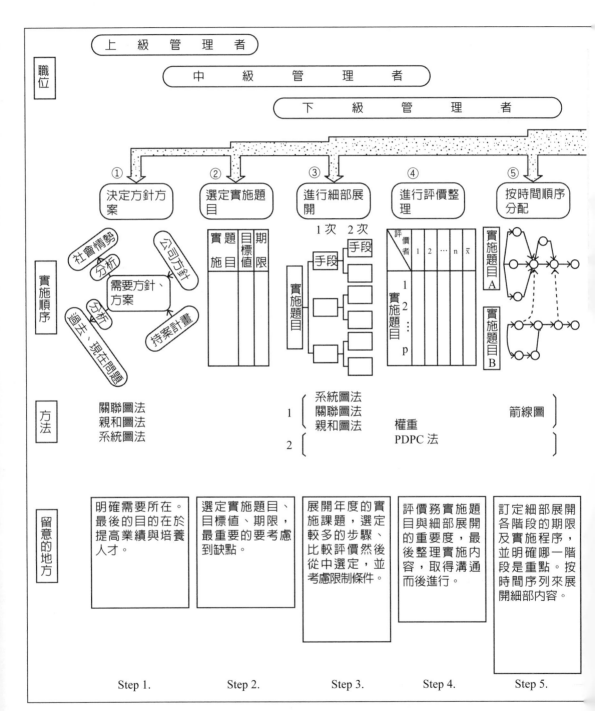

圖 18 方針管理步驟簡明圖

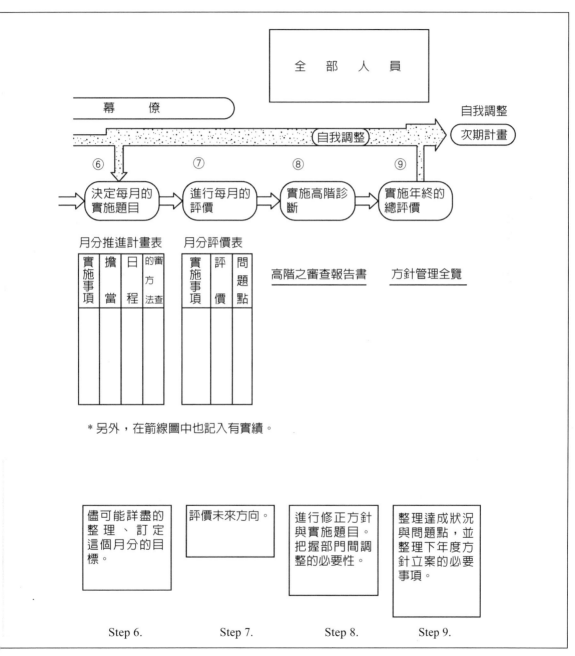

圖 18 方針管理步驟簡明圖（續）

7.1.12 全面品管水準評價項目有哪些？

可參閱下表進行評價、

表 8　全面品管水準評價表（根據日人草光康夫氏設計的圖表）

| 全面品管方針 | 經營方針 | 1981／下 | | | 1982 年度 | | | | | |
		新開發	縮減不活動的資產	營業責任抱怨減半	管理項目的明確化	情報管理的提高	部門間合作	新開發	掌握要求品質	提高資本效率
1. 全面品管的意義	1-1 反覆考慮 1-2 玩味思考的樂趣 1-3 做平常不能做的事									
2. 方針的展開	2-1 討論後完成 2-2 智慧的結集 2-3 能否掌握達成的可能性									
3. 計畫品質、密度	3-1 是否熱中於計畫 3-2 有無採購物品的計畫									
4. 管理項目的明確化	4-1 明確的管理意志 4-2 管理要點的明確化 4-3 查核體制如何 4-4 製程管理如何									
5. 現狀的把握 （情報管理）	5-1 銷售活動資料重要性的認識 5-2 掌握不佳狀況 5-3 掌握活生生的事實 5-4 情報的多面活用									
6. 部門間合作 （全體參加）	6-1 向其他部門互相提出要求 6-2 共同問題的解決 6-3 幕僚人員的分工合作									
7. 標準化	7-1 營業祕訣的儲存 7-2 手冊化									
8. 品質保證	8-1 開發製品的品質機能表 8-2 在公司內使用客戶卡片 8-3 在客戶處使用客戶卡片 8-4 抱怨的 QC 卡片									
9. 人才培養 （教育）	9-1 分公司全體的教育計畫 9-2 各部課的教育計畫 9-3 教育效果的掌握									

第 8 章
管理項目的活用

本章內容

8.1 管理項目的定義

8.1.1 何謂管理項目

在前面已介紹過方針管理活動，在這其中我們提到管理項目，現在我們就更詳細來說明一下它的內容。

在日本工業規格（JIS Z 810）中，對管理項目一詞的定義如下：

1. 為維持產品的品質作為管理之對象所提出的項目。譬如電解工程中的電流密度、電壓、液溫、液物的組成等。又如切削加工工程中工作工具的安裝狀態、切削速度、切削工具的交換時期等都是屬於管理項目。
2. 為了在全公司的品管上合理進行管理活動，其作為管理的對象所提出之項目。

在 JIS 中，提出了這兩類的管理項目。而前者由其例子可以明白，管理項目的設定是依照生產工程步驟，為做好其過程管理而設的，也就是我們常在QC 工程圖或管理工程圖中所看到的管理項目。但是，本書所要討論的重點並非指此而言，而是以在推進全公司品管活動上，極受重視的管理項目為焦點來進行探討。

以清水祥一先生（名古屋大學）為小委員長所組成之全面品管用語檢討小委員會，曾於 1985～1987 年之間召開八次的小委員會，其目的在於決定企業展開全面品管活動時，一些重要用語的定義統一，及至目前共提出了「管理項目、方針管理、日常管理、機能別管理、部門別管理的定義」等相關報告。

其中，對於管理項目的定義「是對於部門（或個人）所負責的業務，為了判斷它是否依據目的實施，以便採取必要處理所訂定之項目（尺度）」。

除此之外，它還附加了以下的五項說明：

1. 有時項目稱為「管理項目」、尺度則稱為「管理特性」，將兩者加以區別，但作為判斷之基準使用時，必須以特性來表示。
2. 如果它是依據部門別來訂定的話，稱為「部門別管理項目」，若是以個人（部門負責）為區分來訂定的話，則稱為「職位別管理項目」。
3. 除了依據實施結果（成果）來判斷的「結果系的管理項目」之外，尚有以實施過程（方法）來訂定之「要因系管理項目」，而後者有時又稱為「檢查項目」。
4. 欲判斷方針管理或改善、開發專案等是否處於理想狀態時，為了方便採取處理措施所用之項目（尺度），有時也稱為「管理項目」。
5. 欲判斷機器、設備、工程、體制等是否處於理想狀態時，為了方便採取處理措施所用之特性，有時稱為「管理特性」。

　　這些補充說明可由表9中的整理得知，雖然對於管理項目的觀念，基本上是共通的，但各企業所採用之管理項目的用語未必統一，目前的實際情況是各個企業都一邊使其定義明確，一邊展開他們的活動。

表9　管理項目的體系

提倡者	體系		備考
一般型	管理項目 *	檢查點（確認原因） 管理點（以結果來確認）	* 由於管理項目的基本構造的各項名稱在企業中各自不同，因此須加以注意，名稱的命名方式有很多種，不過只要能夠理解其基本構造的觀念，就不致會有錯誤產生、各示例中各提出其一例作為參考。
石川馨	管理項目	1. 原因……確認重點，檢查點 2. 結果……管理特性，管理點	
石川馨 小浦孝三	管理重點 〔管理點 確認重點〕	檢查項目……確認原因 管理項目……以結果來確認	
赤尾洋二	管理項目	檢查項目……以原因確認之項目 管理特性……以結果來確認之項目	
納谷嘉信	管理項目	要因系的管理項目 結果系的管理項目	
狩野紀昭	在以結果作為確認的項目當中，幕僚部門針對特定機能，加以計畫，然後交由公司各部門去實施，而確認結果之業務，稱為主管業務，負責部門稱為主管部門，而其管理項目則稱為主管項目		

　　在此首先要向讀者說明的是，本書依據需要以「利用結果來確認」及「確認要因」的立場，亦即採用結果系管理項目（管理點）、要因系管理項目（檢查點）來表現。

8.1.2 方針管理與管理項目

　　在方針的管理上及 QC 診斷時，經常會碰到的問題是不知道應以什麼作為指標來衡量各工作單位的成果。換句話說，即不知應以什麼作為部門別或職位別的管理項目。在品質管理活動中，非常強調要使工作是否依照期待進行的衡量指標明確，尤其是要設法訂定明確的尺度來衡量工作的好壞程度。如

此才能判斷所負責的業務是否依照目的進行，以及方針所揭示的目標是否處於理想狀態，然後依據需要，採取必要的處理。

有一以生產、銷售文具用品為主的企業，它從經營者到管理者、督導者的各項管理項目都訂定的非常明確。將每個月的實績值與管理圖形（Graph）中所顯示之計畫值比較結果，如果在管理界限以內的話，就以藍色加以記錄，若優於計畫則以綠色記錄，太差的話以黃色表示，若連續三個月惡劣情況未獲改善，則轉變為紅色。尤其是與方針相關的業務是否進行順利，它也以一目了然的信號來表示，採用所謂的「信號管理」。當出現紅色訊號，顯示異常狀況時，負責的人必須具有義務來召集小組，利用現狀掌握、原因分析及對策處理等，提出結果報告（圖 19）。

8.1.3 日常管理與管理項目

在管理項目中，有的是接受上位的方針，然後積極改善自己部門與方針管理有關的管理項目，有的是與方針無直接關係，而是針對自己部門的負責業務之日常施行成果、狀況等加以確認的管理項目。

由於方針管理在全面品管活動中極受重視，大家把努力的方向集中在方針中所提示的管理項目之目標上，所以很容易忽視各職務分掌中所提示之各部門原有業務（即日常業務）的管理。因此，必須確實實施日常業務的呼籲，最近特別有所提出。日常管理我們可以說它是推動方針管理上的一個基礎活動。

企業經營必須在方針管理之下，不斷尋求積極的改善，但就另一方面來看，大部分的工作卻是原有工作的持續，也就是在遵守標準類的前提下維持現狀。必須將日常性應管理之項目作為管理項目來處理，並於異常發生時，追究原因、採取防止再發的維持性或改善性對策。

當然，這些管理項目也會因業務或職位的不同而改變。有個汽車製造廠的最高經營者就認為，經營者本身必須有四十～五十項的管理項目，依據每月的變遷情形，視情況需要採取必要的應對措施。

8.1.4 管理部門的管理項目

代表著總公司的管理部門，其管理項目究竟有哪些？這是一個常被問及的問題，這些部門的業務可區分如下：

1. 以提供工廠或營業、其他部門，甚至是公司外部情報或服務為主的業務。
2. 針對品質、成本、生產、營業等特定機能，制定計畫，並將其實施的責任交給各部門，然後再進行結果確認的業務。

關於第 1. 項中，對其他部門提供服務業務的部分，注重的是能否在期限

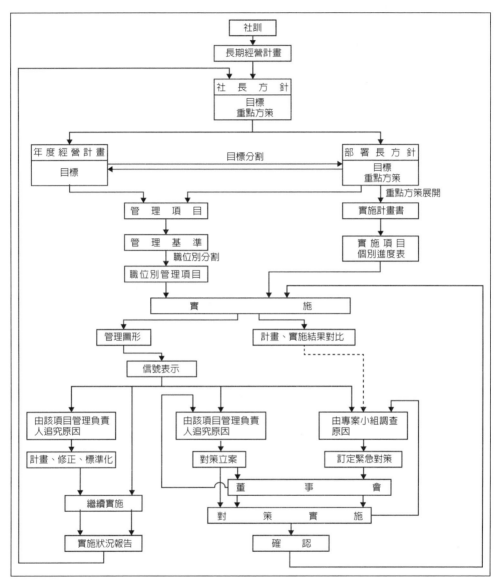

圖 19　信號管理的架構內容

內提供正確的資訊，以及所提供的服務是否能令人滿足，可視為一般實施部門的管理項目。

　　至於第 2. 項的業務方面，管理部門則不直接參與其實施。工廠等其他部門展開以品質為優先及生產量、利潤、銷售額等確保活動，且實施部門必須

掌握實績，負起責任去做好這些管理項目。因此，以管理部門為主要企劃部門，將實施交予其他部門去執行第 2. 項業務，又稱為「主管業務」。雖然其實績如何與管理部門無直接責任，但它必須能掌握實績是否照公司的計畫進行，必要時採取處置行動，對管理部門而言，這些都是非常重要的任務。也因此狩野紀昭先生（東京理科大學）提倡與管理部門的主管業務有關之管理項目，應稱為「主管項目」。

8.1.5 活用管理項目時應留意之處

1.管理項目是否流於形式性？

1961 年，帝人株式會社以管理項目作為一種賣點（Selling point），來向戴明獎挑戰，並獲此殊榮。對帝人公司而言，最大的收穫並非管理項目本身。例如，課長在決定管理項目之際，必須與上司之部長時有意見交換等往來，與部下之科長也必須就管理作種種的溝通，透過這些貫徹、實施管理的想法，而管理項目只不過是它的產生罷了。平常在我們手邊的職位別管理項目，是否也都經過這樣的討論過程才定案呢？還是只是一個空有軀殼而沒有具體內容呢？又是否只是模仿、流於形式呢？所以，希望大家在提出或設定重點項目時，都要充分加以檢討後再活用。

2.是否具有要達成目標的意識？

在有關方針的主題裡，要求有目標值的達成。而這些目標值若只靠一般性的努力是很難達成的。而也正因為達成不易，所以才提出當作重要課題，並列為方針來進行。如果執行者沒有很強烈的達成意識的話，那麼不管製作再多的管理圖形，都無法真正活用在管理上，想要達成的目標值也將遙不可期。

3.執行管理必須有行動

在管理圖形中，記有判斷目標線是否為異常狀況的處置界限線，而每月的實績會被描繪在這個圖上。有很多圖表，即使實績已經偏離了處置界限線，且與目標線產生了很大的乖離，但仍未能積極採取挽回的處理措施。如果只是觀察而無行動，乖離只會愈來愈大。由於這不是一般的圖形，是管理用的圖形，所以必須決定統計的管理界限線，必要時還得採取行動才行，而處置界限即為此而設。另外，管理圖形中還必須附設有能登錄異常原因、或概要的處理內容之記入欄才行。

4. 除了補救對策之外，還要有防止再發的對策

當管理圖形中顯示與目標值之間已產生很大的乖離時，我們不能只就乖離過大或目標未能達成這些現象作反省，否則注意力只會集中在日後如何努力去達成。重要的還是要把產生乖離的原因分析出來，這樣才能對補救對策及防止再發的對策有幫助。防止再發的觀念可以說是 QC 的重要觀念之一，希望大家能夠熟習它並活用在管理項目上。

8.1.6 管理項目乃方針管理之關鍵

1. 管理項目是方針管理的出發點

方針管理的好壞，從管理項目就可一目了然得知。所以，管理項目可以說是方針管理的關鍵所在。此處順便一提的是，日本能見先生之所以會取方針管理之命名並決定使其體系化的契機，可以追溯到他接觸帝人公司（該公司於 1961 年度榮獲戴明實施獎）的職位別管理項目一覽表時。

1960 年代前半期曾榮獲戴明實施獎的公司，大致都有下列需要反省的地方：

(1)未合理依據職位別設定管理項目：舉例來說，不論部長、課長或股長，其管理項目皆相同，確認的方式也極為籠統、粗枝大葉。

(2)設定管理項目時缺乏仔細的磋商：各職位的管理項目其設定過於零散，而且各職位的管理項目水準及內容也各自為政，沒有統一。

(3)管理水準（及處置水準）不夠明確。

(4)管理項目未以成文方式加以明示、傳達。

(5)不論是上述相關工作的成果也好、工作的作法也好，管理項目的使用方式都不夠切適、明確。

以上所舉各項是致使他想加以體系化的導火線。換句話說，基於對上列各點的反省，為了解決問題，有必要進行 QC 式的分析，並根據各職位之間的磋商來設定管理項目，使之成文化並明示給相關人員。

2. QC 式之管理項目的設定

所謂要以「QC 方式」來設定管理項目，包含以下的意義與背景：

(1)在 1960 年代的前半期，日本企業積極引進衍生美國的目標管理並因此形成風潮。其中有的公司甚至因而獲得戴明實施獎。問題是獲獎後，目標管理成為流行，並開始出現形式化的徵候。

(2)以往在日本式品管中培育出來的方針、計畫（重要要素包括：目標、對策）及管理項目的設定、展開等體系化的趨勢漸漸轉弱，使人開始擔心它們會變成只是個別性的手法。

(3)這種情形使得大家對管理項目之設定與使用方法有了啟蒙性的認識，它不但被當做 TQM 一環，命名為方針管理，後來也成為其體系化的一個強力引動力。

　　方針管理它的名稱也有管理，其實就是 PDCA 的轉動。如果能夠從 C（確認：年末及期末的反省）起步的話，就能夠合理地制定 P（方針，計畫）。因此，在方針管理中，有時甚至可以用 CAPD 來代稱它，其中尤其重視 C，也就是管理項目。

方針管理的轉動有時甚至可以用 CAPD 來代替它。

Note

8.2 管理項目的設定

8.2.1 管理項目的設定方式

1.使自己的職務明確

一般來說，企業都是依照職能別、階層別組織在運作、經營。換句話說，商品企劃、研究、開發、設計、生產技術、採購、製造、檢查、銷售、服務、人事、總務及管理等職能部門，各有其明確的職務分掌規定。如果每個人都能根據自己的職務範圍，做好自己的職責，那麼，經營目的終有逐步實現的可能。目前還有很多中小企業未明確做好職務分掌的規定，而管理項目的決定也依自己的職責內容來決定，所以，這些企業的首要之務是先使職務明確化。

以下試舉某產業機械製造商的生產部長，由其職務內容為例來說明：

(1)產業機械的裝配、加工及其附帶作業。

(2)依據生產計畫製作每週的日程計畫，並達成其生產期限的目標。

(3)設備與工具的日常性維護、檢查。

(4)計測器的日常性保養、檢查。

(5)裝配及加工品的品質維持、改善。

(6)裝配及加工品的加工時間標準之設定、實際工數的管理。

(7)工作部門的安全管理。

(8)計畫與實施作業者的教育及訓練。

企業的規模愈大，加工時間標準的設定或作業的教育等職務，會分離在各個生產技術課或教育課之中，其內容通常包括五～六個項目。

在這種情況下，由於各個管理者能力的不同，管理水準的差異與各自面對的問題、應解決的課題也會跟著不同。因此，各職位別前期活動結果的問題點、由其他部門反映過來的問題點，以及上司方針所指示應全力解決之課題等，都應先使其明確，即對整個職場（工作場所）的問題點做一整理。在整理這些時，不妨依品質、量（期限）、成本、安全、教育等加以區分來整理，會比較有頭緒、系統。

2.決定判斷職務結果的特性

對於上述職務所達成之成果，應該決定一判斷的依據特性。而此特性，原則上要能夠以數值來表示才行。

以生產部長來說，內容包括不良率、工程能力確保率、工數減低率、生產達成率等，而這些主要都是以「結果」來判斷該職位其職務所需的資料。

舉例來說，如果以不良率這個特性來判斷品質的維持、改善這個職務是否

克盡其職的話，則它就是與生產部長有關品質的管理項目了。如果不良率是以整個公司或整個工廠的立場提出，並作爲消除不良的活動來進行，或被提出作爲方針的話，則它就可以當做方針事項來處理。但是，如果以前曾被提出當做方針事項，而且曾經有過很好的成果，但目前已漸漸水準轉低，未能成爲廠長的方針事項的話，那麼就可以把它當做是生產部長的日常管理項目來看。在這種情況，可以以工程能力確保率作爲與品質相關的管理項目。

3. 要因對特性的影響度

對於上述條件下所決定之特性，又應該考慮哪些要因，才能使它對改善或維持有幫助呢？現在我們利用圖 20 的特性要因圖來篩選一下這些要因。

圖 20 中所提出的是對整個生產產生不良影響的要因，上方是以工程作爲分類，下方則以職務作爲分類提出。我們從這當中去選出哪些要因應該加以重點式的管理。爲此我們必須針對結果與要因做數據解析，選出對特性影響度高的對象。

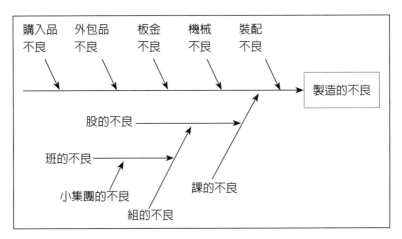

圖 20　製造部不良的特性要因圖

4. 利用各個要因數據來掌握情況

針對圖 20 中所提出之要因，去蒐集過去三個月所得的數據紀錄，接著加以描繪成圖，可得圖 21 的連鎖影響關係圖。將這些連鎖圖如旗子般地貼在旗桿上，每張圖可稱爲一張旗。另外，製作這種圖表體系來進行管理的方式，稱爲「旗式管理」。其中，①是整個製造部的不良。它包括從材料到加工、裝配爲止之製造過程中所發現的所有不良。因此，它的內容須將②至⑥

為止的所有旗子加起來合算。更正確地解釋的話，由於②中包括了最終檢查時的不良，且③、④的旗子中也包括各個中間檢查時所發現的不良，所以其實各個旗子應該各自樹立才對，不過此處予以省略。

在②的旗子中，譬如螺絲帽未依照規定的轉矩栓上，或左右兩側的覆蓋裝反等，原本都是屬於裝配課本身責任上的不良。雖然大部分的不良都出於此，但是如果是由於螺絲帽栓的錯誤切割、或外殼的洞孔位置挖錯才致使未能依照規定的轉矩去栓上螺絲、裝反了外殼覆蓋的話，則其不良之責任應屬於機械課或板金課。

因此，如果將裝配時發現的不良內容，依照責任別加以分類的話，可包括⑦到⑩部分的旗子，換句話說，②的旗子是綜合將⑦至⑩為止的不良合算起來的。另外，圖 21 的 (a) 我們稱之為「發現之旗」，而 (b) 則稱為「責任之旗」。

機械加工時所發現之不良（即③旗），若以責任別來分類其內容的話，也可做出責任之旗。以下同樣的，④、⑤、⑥號旗也都可以分解為責任之旗。

5. 決定旗子的負責人

圖 21 之中的每一張旗子上都描繪著實績值，而如何使它減低是旗式管理的目的。而究竟應該由誰來負責這個工作呢？為使責任明確，首先應該先決定好每一面旗子的負責人，這可說是非常重要的步驟。而此責任者之旗就相當於此負責人的管理項目。

一般來說，管理項目乃判斷各個管理者其職務結果的依據，而圖 21 的例子中，裝配課長的管理項目可以視為②號旗。但是，如果想要使此旗中描繪的不良減低，裝配課長本身必須先設法降低自己的責任所在之⑦號旗才行。不僅如此，裝配以外的責任之旗⑧、⑨、⑩等，如果情況無法改善，②號旗也將無法獲得良好的改善。在這種情況下，裝配課長的管理項目為②與⑦二面旗。

6. 管理項目設定圖

前項述及之管理項目並不是一種單獨性的存在，它和其他工作部門（職場）之間的旗子，換句話說，和其他部門的管理項目有著連鎖的關係。究竟由誰負責去降低什麼樣的不良，其責任分擔必須於事前先加以明確規定才行。為此，各職位之間的管理項目有著什麼樣的關聯，也要先使其明確才行。

如果想使各面「發現之旗」中發現的不良，轉換為「責任之旗」的話，可以利用責任之旗將管理項目之間的連鎖，並加以整理即可。若以圖來表示的話，即為圖 22。

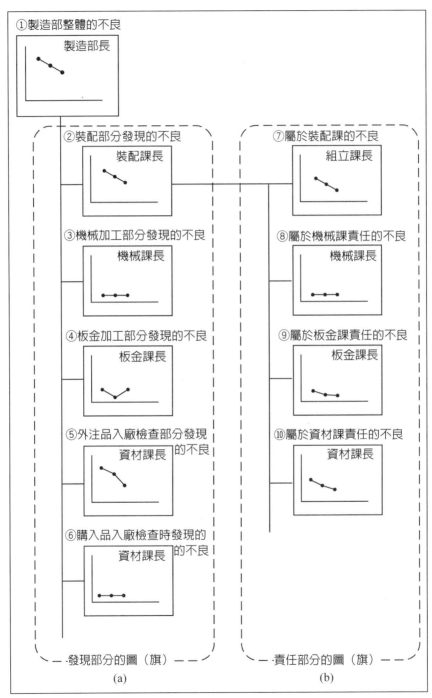

①製造部整體的不良
　製造部長

②裝配部分發現的不良
　裝配課長

③機械加工部分發現的不良
　機械課長

④板金加工部分發現的不良
　板金課長

⑤外注品入廠檢查部分發現的不良
　資材課長

⑥購入品入廠檢查時發現的不良
　資材課長

⑦屬於裝配課的不良
　組立課長

⑧屬於機械課責任的不良
　機械課長

⑨屬於板金課責任的不良
　板金課長

⑩屬於資材課責任的不良
　資材課長

-發現部分的圖（旗）--

-責任部分的圖（旗）--

(a)

(b)

圖 21　製造不良的圖形（旗）的連鎖

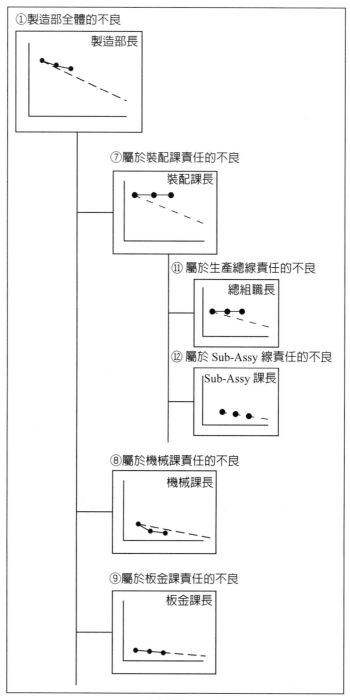

①製造部全體的不良

製造部長

⑦屬於裝配課責任的不良

裝配課長

⑪ 屬於生產總線責任的不良

總組職長

⑫ 屬於 Sub-Assy 線責任的不良

Sub-Assy 課長

⑧屬於機械課責任的不良

機械課長

⑨屬於板金課責任的不良

板金課長

圖 22　管理項目設定圖

此圖稱為管理項目設定圖。管理項目設定圖可以使三個職階層次的連鎖清楚明白，換句話說，可以從自己所在的職位來看與上、下職位之間，其在管理項目方面究竟有著什麼樣的關聯、互動關係。除了自己所屬的管理項目之外，上下階層的管理項目之狀況也必須仔細觀察才行。圖22中的⑦號旗乃裝配課長的管理項目，若⑪、⑫號之職長管理項目未能改善，則⑦號旗也將受到影響，進而無法改善。

另一方面，除了下位職層的管理項目之外，對於其他同位職層之管理項目也應特別注意才行。舉例來說，圖21的②號旗乃裝配課長的管理項目之一，若此旗之實績無法在最後轉好，就不能算已經達成職務了。因此，裝配課長對於其他課長之旗（⑧、⑨、⑩號旗），即機械課長、板金課長、資材課長的管理項目也應該多加注意，如果此旗的實績無法配合計畫來降低不良的話，就應該提出對策處置的要求，設法使之降低。這些活動本來就屬於機能性的活動，是旗式管理的最理想形態。如果能真正靈活運用旗式管理的話，可使組織活動的運作更加暢通。

8.2.2 設定目標與製作活動計畫書

一旦各旗子的管理負責人決定之後，就必須進一步決定各旗子應降低的確實目標值。而且除了目標值之外，還要有達成的手段才行。所謂達成的手段，是指依照目標降低不良的具體方法而言。而明確指示這些目標應於何時、何人、如何實行等內容者，即為活動計畫書。換句話說，只要依據活動計畫書所指示之事項去實行的話，就能降低目標所要求的不良。

1. 設定目標的方法

在決定目標值時，先就目前的不良內容，做一仔細的分析。舉例子來說，圖22的⑧號旗是機械課長的責任之旗，圖中所描繪之過去三個月的不良內容究竟包括了哪些，可以使用柏拉圖來解析。圖23便是其例，為使容易理解，它將實際發生的不良問題加以單純化。它以矩陣圖將對象零件，根據不良的內容加以分析。由於此階段還只能明白現象，所以還不是決定對策的階段。即以固有技術來解明 a、b、c 三樣零件的原因。這樣一來 a、b、c 三樣零件的共通原因——內徑尺寸不良，與各零件的既存原因就可明白了。此原因解析也可針對 d、e 零件及外徑尺寸不良、角度不良、表面粗度不良、長度不良等方面來進行，使各項共通原因與非共通原因明白化，然後再根據這些原因來決定對策。待對策決定後，再把執行者、實施期限，記載到活動計畫書內。在實行活動計畫書的對策時，再把相對的管理項目（旗的計畫線）記入，請參考圖24所示。

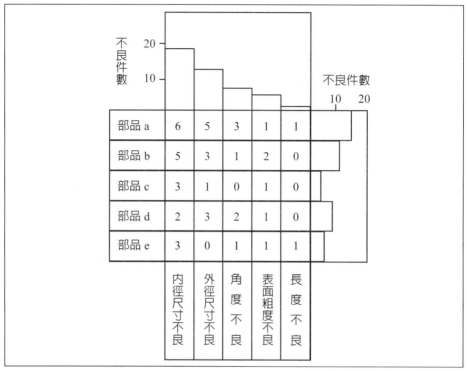

不良件數

	內徑尺寸不良	外徑尺寸不良	角度不良	表面粗度不良	長度不良
部品 a	6	5	3	1	1
部品 b	5	3	1	2	0
部品 c	3	1	0	1	0
部品 d	2	3	2	1	0
部品 e	3	0	1	1	1

圖 23　零件別的不良內容

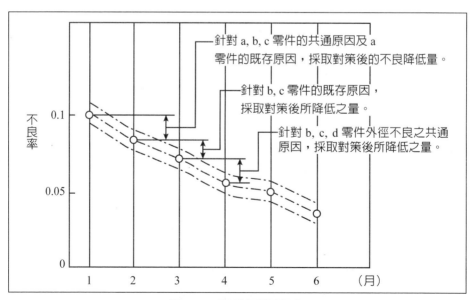

圖 24　旗的目標設定

　　計畫線並非是一條單純下垂的直線，它會像圖 24 中的線一樣，是一條曲線形的下降線。換句話說，若只能以直線描繪計畫線的話，表示每個月應採行的對策還未決定。而對策未能決定，就是表示原因還未究明。由此可見，要達成目標須先分析現狀的重要性。換句話說，所謂達成目標的能力，也就是解明現存問題原因的能力。如果這種能力提高，不但可以製作成果可期的活動計畫書，同時也可以說已經有了明確的達成手段。

2.活動計畫書的製作方式

　　各個管理者在設定目標之後，就應該著手製作達成此目標的活動計畫書。圖 25 是這種活動計畫書的一個例子。活動計畫書的內容是指示應該以什麼方法來達成各個旗子的目標。因此，它的內容必須與上部方針配合、連繫，具體明示執行內容、方法、執行者及執行期限、地點等。圖 25 是為達成圖 24 所示之目標而做的活動計畫書其部分內容。在實施事項「降低裝配1.AB50 時發現之不良」的項目上，指示著「消除 1.00 機 AB50 的不良」的上部方針，目標值是 0.04%，由 S 先生負責在 6 月底之前達成指示。S 先生為達成此目標，先就前項的現狀加以分析、究明原因之後，再將實施事項具體細分成 1.～4. 的內容，決定期限內的實施日程。另外，每月應執行之主要作業也記載在此日程上。如果 1.～4. 的實施事項能夠實行的話，結果便可使不良率減少。圖 24 的目標線中即指示了這些關係。因此，圖 24 中的各月目標值與圖 25 的活動計畫實施事項，其實是彼此對應的。這種記載有針對目標值所制定之實施事項的活動計畫書，又稱為「對策型的活動計畫書」。

8.2.3 旗式管理的運用

　　待目標設定及實現目標的活動計畫書定案之後，就要開始付諸行動去實行了。不過，對於實施過程中可能發生之管理問題，最好能於事前即決定好處理的方法。

1.決定處置基準

　　一旦進入實施階段之後，活動的成果必然會有各種差異出現。所以，事前應該針對目標，決定變異的範圍（處置）界限。換句話說，將作為管理項目所提出之特性值，針對管理圖形上所表示之各旗子的目標線，如圖 24 於上下各繪出一條具有一定寬幅的處置界限線。寬幅的取法不妨可以應用管制圖的觀念，但是如果不是製造工程的管理，也可以依據經驗或政策來決定。
(1)應用管制圖的觀念時，必須把過去的變異列入考慮（異常值除外），通常的作法是單側減去 2σ。

此樣式也是部長、課長、科長、股長、班長之活動計畫書

活動計畫報告書

製造部 機械課 股組班	作成年月日	年	月	日
	6) 部長 王五	李四	張三	備註
		管理點 001		

No.	1) 上級方針或指示事項	2) 實施事項	記號	期限	負責人	4) 目標	5) 活動狀況及實施日程的計畫與實績	記事
1	○○機 AB50 的不良消減	AB 50 裝配時發現之不良降低	△× △× △×	6/E	張三	0.04%		
		(1) 部品 a, b, c 加工治具之補強提高鋼性					治具, 補強, 品確, 圖面, 修理	
		(2) 部品 a 乙尺寸公差變更					變更, 確認, 申請	
		(3) 部品 b, c 乙平板磨耗部分之修正					摩耗, 平板, 修正, 圖計, 圖作, 試作, 測, 成	
		(4) 部品 b, c, d 加工時之溫度補正係數之變更					數據, 解析, 測試, 筆算, 係數, 決定 30 個決定	

時間刻度：1 2 3 4 5 6 7 8 9 10 月

管理圖（右下）：第一次基準　3月 4月 5月　100 −80 −60 −40　目標／實績

記入要領 △

(1) 上級方針及指示事項：記入事業所長方針、部長方針等上級方針
(2) 實施事項：記入達成方針的手段、方法
(3) 上級方針 No.：以 No. 來表示 (1) 項與 (2) 項的關聯
(4) 目標：記入「內容」「數量」
(5) 活動狀況、實施日程計畫與實績：以右記要領記入、管理圖形可另外以其他紙張製作
(6) 蓋章：尋求自己及上級的認可
(7) 管理點 No：將管理圖形的 No. 記入

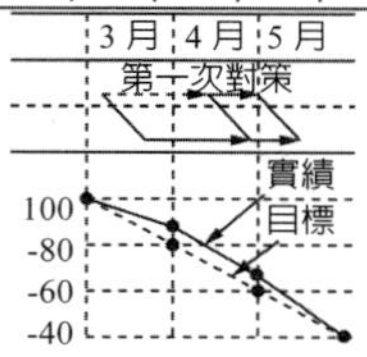

圖 25　活動計畫書書之例

(2)在上記的扣減中必須考慮到政策性問題。

(3)一開始即政策性地扣減 ±5%，±10%。

(4)一般而言，處置界限線通常會在上、下兩側以同樣取法畫出，但有時也會仿照交期達成率的作法，只在下側畫出。應如何畫才好，只要考慮特性本身的含意來決定即可。

2.採取處置的作法

(1)超出處置界限線時

活動的結果通常會被當作實績繪入圖中，如果這些點的變異是在上下管理界限線之間的話，我們可視為工作依照著計畫，順利在進行著。但是，如果超出處置界限線，而且與目標線相對的一方連續出現點的話，應該視為已經有某種異常存在於其中了。這時候應先確認活動計畫書中所提出的實施事項是否正確的在執行。如果是以錯誤的方法在執行的話，應立即修正，以正確的方法來實行。如果一切都依照活動計畫書在進行而仍然超出處置界限線的話，表示實施事項中所記載之對策並未適切。在這種情況下，必須反省為什麼當初會決定這種沒有成效的對策？也就是說，實施這個對策必然可得到所期待之成果的判斷根據何在，必須加以反省才行。不過，僅只於精神性的反省，還不能算是真正活用 QC 觀念在管理。真正的反省必須從判斷設定對策前之現狀分析及作法是否正確、現狀所採用的情報是否正確、蒐集資料的方式是否無誤等設定對策的過程上著眼，然後來改變設定對策的工作方式。其次，在設定下一個目標及對策時，尚須確認如果採用這些新的作法，是否能夠得到所預期要的成果。這種工作的推動方式，我們稱之為管理循環。能夠做到這種程度，管理項目才能算是真正地在活用。

(2)異常處理的作法

當點超出處置界限線，並且在目標線的一方連續多次出現點，則稱之為異常。此時應採取怎樣的對應措施已於前項說明，至於對這一連串的作業及最後反省的結果確認應如何加以追蹤呢？一般來說可以利用工程異常處置書來進行（請參考圖 26）。

①當自己的管理項目發生異常時：以工程異常處理書向上司提出報告。

②當部下的管理項目發生異常時：令部下提出工程異常處理報告書。

③發生重要問題時：不管是自己的管理項目或是部下的管理項目，如果事態非常嚴重，不與其他部門合作就無法輕易解決的話，則須編組小組，把它當作一個專案活動來解決。此時，除了工程異常處置書之外，尚須製作小組的活動計畫書，設法追蹤解決才行。

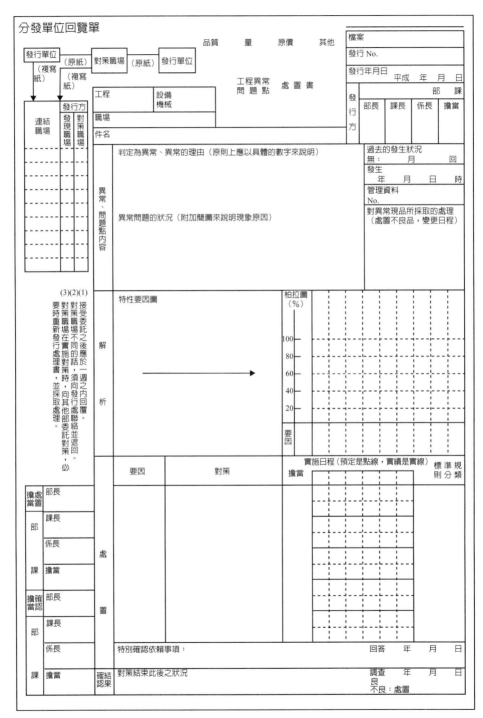

圖 26　工程異常處置表

(3)管理項目的增加及廢除、修正

①將自己的管理項目委任給部下,並作爲部下的管理項目時:這是當點落在處置界限線內、呈安定性分布的情況,且相對的作業方法也很安定時,才可採用的方式。在這種情況下,相關的業務必須加以標準化,而且判斷異常的基準及其處理方式都必須明確,同時部下還必須有提出報告的義務。

②管理項目的廢止:當管理項目已完全安定,主要原因也已解明、標準化已完全實施,可以大致判斷不會再有異常出現時,管理項目就可以廢止了。

③當重要問題發生,已編組專案小組設法解決時:將顯示重要問題之特性值,或將要因系中影響程度最大的要因提出,把它們列爲第2特性的管理項目來處理。

以上所提這一連串的作業,如能依據進度進行,管理項目應達成之機能就得以發揮出來。管理項目也可說是反映自己工作結果的一面鏡子。爲了正確運用它,在實施時最好能夠製作實施手冊作爲依據。

8.2.4 管理項目設定的原理

1.日常管理與方針管理的管理項目

關於日常管理與方針管理之間的關係,在前面已經介紹過。換句話說,日常管理(維持重點)中所發生的重要問題點(改善重點)是方針管理所要解決的對象。日常管理與方針管理的管理項目之中,還可以將之分類爲屬於結果系(管理點)的項目,與屬於要因系(檢查點)的項目。圖27是這些觀念圖示化後的體系概念圖。

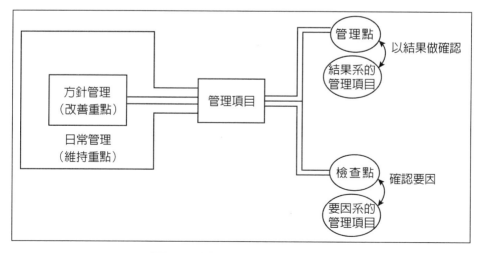

圖27 管理項目體系概念圖

2.結果系與要因系管理項目的設定原理及使用方式

表 10　正確使用管理項目的效用

效用	主要內容
評價目標達成度	①可以確實評價工作結果的好壞（管理點）。
評價目標達成的方式	②可確實評價工作方式的好壞，同時可以養成重視過程的觀念（檢查點）。
消除重複性或不必要的管理	③消除上下左右職位之間的重複性確認工作與管理，同時也可去除工作上不明確之處與多餘的部分。
去除管理上的疏失	④可以防止上下左右職位之間在確認及管理上的疏失。
使管理重點明確化	⑤可使重點管理的重點明確，進行有方向（重點）的工作。
提高管理能力	⑥使管理的關鍵明確，提高管理能力。
報告的合理化	⑦可使報告趨向合理化。
累積工作技術	⑧可累積使工作順利進行的技術（Know-how）。
培育人才	⑨藉由彼此磋商的過程，上部職位的人可進行指導，提供建議。部下也可積極提出自己的意見、提案，使自己的能力有機會得以充分發揮（由上至下及由下向上的溝通）。 ⑩由於責任、權限的明確與大幅度的授權，可以促進人才的培育。

　　圖 28 所示是前面一再提及之管理項目的基本設定原理。

　　一般來說，位居上面職位的人（以下簡稱上位者）最能使其下面職位者（以下簡稱下位者）達成有效行動結果的作法，就是給他們一個明確的目標，至於達成目標應採用什麼手段與方法，則交由部下自行去決定是很理想的方式。不過，有時過度放任也是無法順利進行，當部下沒有自信可以制定方案（重點實施事項時）而感到困惑時，上位者應該採取下列作法：

(1)身為上位者應根據管理特性（結果系之特性），來設定明確的「目標」，然後再針對問題要因，設定適當的解決「對策」。

　　注；上述的要因，最好是依據要因系的特性來掌握。

(2)接著，上位者雖然基本上可以把達成目標的方法放手讓下位的人去做，但是上位者仍須就目標與方案的設立方式，適時適切地給予指導與建議，使其精確地訂定出自己的管理項目（管理點與檢查點）。

　　這樣做才能促使下位者努力去實現他們的目標。

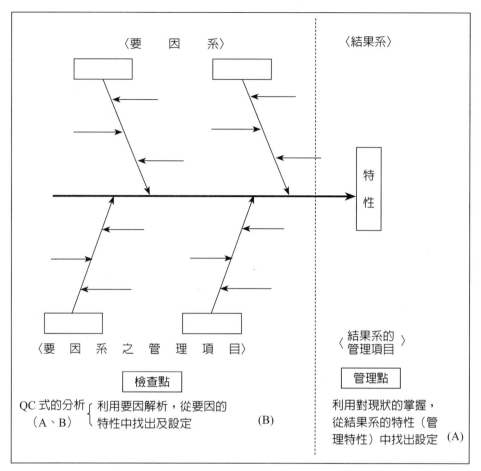

<〈要　因　系〉

〈結果系〉

特
性

〈要　因　系　之　管　理　項　目〉

〈結果系的
管理項目〉

檢查點

管理點

QC 式的分析{利用要因解析，從要因的
（A、B）　　特性中找出及設定　　　（B）

利用對現狀的掌握，
從結果系的特性（管
理特性）中找出設定 （A）

圖28　結果系管理項目（管理點）要因系管理（檢查點）設定的基本概念圖

8.3 管理項目的活用

8.3.1 管理項目的活用方式與留意之處

1.使命感、目的意識、問題意識、改善意識與管理項目

很多公司常常聲稱「我們有在做方針管理」或「我們有設定（日常管理與方針管理）的管理項目」，但再問到他們「結果有什麼效果？」，大部分的人就只能支吾其詞了。再實際去觀察他們的管理項目時，常常都是不正確的反面性管理項目罷了！

正如 8.1.6 中第 2. 節中我們說明過的，依據 QC 式的分析去設定管理項目的原理並不是很難的東西，常常可以看到利用管理項目一覽表或方針書（實施計畫書）把管理項目設定得很完整的例子。只是，再問到他們是「如何地去運用這些管理項目？」並請他們提供管理圖形等管理資料時，又會發現下列現象不斷出現，即：

(1)雖然發生了嚴重的異常情況（點遠遠偏離了處置界限線），但為什麼會有這種現象發生？其要因與異常處理的重點卻一字也未記載。

(2)業務分配與工作本身已經改變了，但管理項目一覽表的管理項目卻完全未加以修訂。

管理項目的設定，有的人可以把它當作專業技藝一樣，用一些概括性的美麗詞藻把它堆砌得很堂皇，但真正重要的使用方法及運用方法卻往往內容空洞，只是金玉其表罷了。

所以，下列的問題點與留意點必須特別牢記在心：

(1)上級管理階層的人也好，部長、課長也好，對於設定、活用 QC 式的管理項目，如果缺乏一致的士氣和自我鞭策，很容易變成虛應故事性地把錯誤的管理項目填入表格中的「管理項目」欄，或變成煙囪式（不論任何職位都表現類似）的展開。

(2)在這種情況下，董事或部長階級可以起用對品管有心、且能理解的課長或課長代理級的年輕職員，來作為業務幕僚（助手），這樣也可以得到相當的效果。有很多例子就是因此有了突破性的起步，管理項目開始適切地被活用起來的。

(3)基本上來說，愈是上位的人，對於方針管理，尤其是利用設定、展開、活用管理項目的時候，愈要認識自己的使命，同時因此喚起大家對品質管理的目的意識、問題意識及改善意識。

如果缺乏這些意識的話，就會像快沒電的電池一樣，怎麼也引動不起來，必須儘速採取充電的措施。

8.3.2 管理項目的使用與活用方法

1. 管制圖與管理圖形的利用

　　圖 29 是管制圖，圖 30 是管理圖形的示例，請參考。

(1) 管制圖中，以 $\pm 3\sigma$ 求出變異的容許界限，其上下界限線（上方與下方）稱爲管制界限線。

　　管理圖形求容許界限是利用實績值與經驗值去求出（例如 $\pm 2\%$），並不是利用統計性手法（QC 手法）去求得的。此時的上下界限線（上方、下方）稱爲處置界限線。

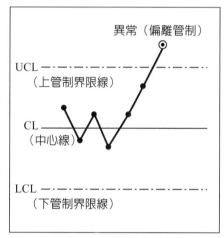

圖 29　管制圖例—零件外徑
（日常管理的管理項目）

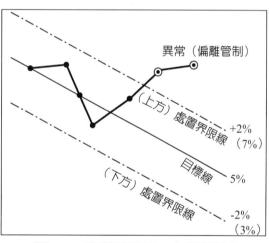

圖 30　管理圖形例—交期遲延率
（方針管理的管理項目）

(2) 在日常管理的管理項目裡，多半是以管制圖和管理圖形作爲管理資料使用。

(3) 在方針管理的管理項目中，通常是以管理圖形作爲管理資料使用。

　　管制圖與管理圖形最好是儘可能地加以利用，因爲有了這些依據，利用管理項目來進行確認或管理，可以做得更精確些。

2. 不明確的管理水準與異常處理的改善例子

　　管制圖裡的中心線與上下的管制界限線，以及管理圖形中的目標線與上下的處置界限線，都是用來表示水準（Level）的，通常還可稱爲管理水準或處置基準。

以下介紹過於乖離的處置界限值與超幅的處置界限值之例。

在管制圖中是以中心值 ±3σ 的管制界限值來表示管理水準。但若是管理圖形的話，就不一定會在中心值的上下取同幅的值作為上下處置界限值，有時兩值會各取不同的值。不過儘管如此，仍然會有下列現象出現：

(1) 上下的處置界限值過於乖離。

(2) 管理水準（目標值與處置界限）不夠明確。

3. 草率的異常處理例子

如果我們去觀察管理項目一覽表的「異常處置」欄，會意外地發現很多都記載著「向上司報告、與相關部署連繫」或「要因解析、指示對策（或實施對策）」，甚至是「以下相同」等字樣。雖然這些也都是必要的處理，但當嚴重異常發生時（亦即值遠遠偏離了處置界限線），上述這種處理方式就大有質疑的餘地了。

譬如說，在製造方面發生嚴重的缺陷抱怨時，必須依據各職位別採取更精密的異常處置對策才行。具體例子請參考表 11 的說明。

表11　不明確的管理水準與異常處置的改善例子

	數值例	意見、留意點
過於乖離的處置界限值	銷售額目標達成率 100% +20% −2% 受訂界限值（出貨界限）+20% 上方處置界限值 +5% 下方處置界限值 −2%	①本例正如本文所指出的，正負的處置界限值過於乖離。 ②+20%表示超出此值的話，將有無法出貨之虞。但是，因為有提高計畫精密度的需求，所以，如依下列方式以+20%為個別的界限值，上方的處置值取+15%左右的話是妥當的。
不明確的管理水準	生產力12%以上 製品抱怨件數20件以下	①原則上，最好不要以「以上」或「以下」等不明確的用語來表示。 ②但是，當數據不足或沒有充分時間做QC式的分析時，也只好不得已採用這種「以上」、「以下」的方式來開始。 ③開始之後要盡可能進行預測估計，並蒐集、分析資料（數據）以確定目標值與處置界限。
草率的異常處置	異常處置 要因解析、對策指示 以下相同 異常處置 向上司報告、與相關部屬連繫	①管理項目一覽表的「異常處置」欄中，多半會有很多「要因解析，對策指示（或對策實施）」或「向上司報告，與相關部署連絡」的記載。 ②而且，其後的異常發生以「以下相同」一語概括帶過的例子也不少。 ③當有重大的異常發生時，最好能夠根據職立別，明示異常處置對策。譬如，可以下記方式來進行：

管理項目	管理水準（處置限界）	意見、留意點
嚴重缺陷的抱怨件數	0件（1年）	①發生1件時：由課長進行要因解析並指示對策。 ②有連續發生（可能性）時：由廠長進行診斷找出原因，由組織去實施防止的對策。

Note

第 9 章
方針管理之實例

9.1 豐田汽車股份公司的方針管理

本章內容

9.1 豐田汽車股份公司的方針管理

9.1.1 豐田汽車推進 TQC 的經過

本公司關心品質管理，開始著手實施可追溯到一九五四年。之後，擴展成了全公司性的趨勢，到了一九五五年代後期正式引進了 TQC。其推展過程如 9.1.1 圖所示。充分依據當時的經營環境，一面整理經營課題一面推展著。其內容大致可分：

(1)防備開放經濟（1964～1970 年）

(2)應付七○年代

　　① 對經營規模的擴大及國際化的應付（1971～1973 年）

　　② 對法制（安全、廢氣排出）及非常情況（石油危機）的應付（1974～1975 年）

　　③ 確立經得起低成長的企業體制（1976～1977 年）

(3)確立防備八○年代的企業體制（1978～現在）

1.防備開放經濟（1964～1970 年）

在貿易、資本自由化問題顯露表面化的這一時期，本公司爲了能防備開放經濟感於強化企業競爭力的必要，以「確立能應付國際競爭的企業體質」爲目的，引進了 TQC。

其後以確保製品的品質爲目的，以全員參加的方式實施長期性的品質管理，並以謀求業務品質的提昇爲目標，大力地推展 TQC，實施重點如下：

(1)機能別管理

(2)新製品管理

(3)QCC 活動

其結果，在西元一九七○年代，承蒙評價本公司品管的作法、想法，而得到了戴明獎實施獎。

2.應付七○年代（1971～1977 年）

(1)對經營規模的擴大及國際化的應付（1971～1973 年）

確立了能經得起開放經濟的企業體質的此一時期，國內汽車化飛躍的成長，爲了應付擴大的海外市場，豐田相繼發表新車，或是進行了產品式樣更新（Model change）。在戴明獎審查的階段，本公司一方面更努力加強新製品的管理，而達到了一連串開發的目標。

(2)對法制（安全、廢氣排出）及非常情況（石油危機）的應付（1974～1975 年）

一九七三年底的石油危機，激烈地震撼了本公司。前所未有的成本提高壓

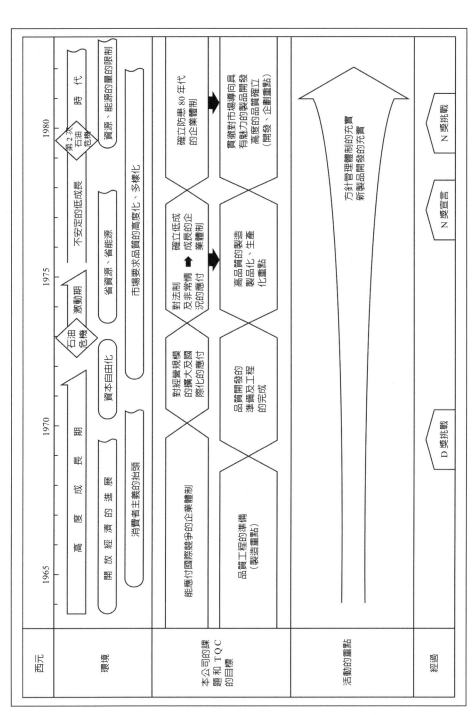

圖 9.1.1 TQC 推送過程

力引起的物價上漲（Cost-push inflation）壓迫了經營，產品式樣更新的計畫和新工廠的設備裝置工程等，也迫不得已被中斷。另一方面，消費者主義的抬頭，有關安全、廢氣排出的法規制定得更嚴苛。因而，此一時期，本公司的課題有下面二點：

①有關安全、廢氣排出的法制的解除。

②以上漲的原料費、勞動費爲對象來降低成本。

全公司同心協力應付此課題的結果，確立了對於法規制定的保證體制，並藉著大幅度成本降低，而能克服此次的危機。而此對於以前所培養而成的 TQC 成果有相當大的貢獻。

(3) 確立經得起低成長的企業體制（1976～1977 年）

經過激動時期，我國經濟進入了不安定的低成長時代，故而改變了基本方針。在此種的環境中，商品消費者的需求更成了高度化、多樣化。無故障、耐用的車子，或者價值觀多樣化、有個性的車子因內外之需求更爲增加。基於如此的背景，本公司將已中斷了的商品式樣更新計畫，重行相繼實施。這一時期的活動重點有三個：

①開發出能贏得社會及消費者信賴的製品。

②充實計畫品質以利生產。

③應付品質水準的提升而進行工程能力之維持、改善

尤其是 1976 年，有效率地推動以上所敘述的活動，並以確立能渡過低成長時代的企業體制爲目標，而著手策定能適應新時代的長期經營計畫。

這個長期經營計畫的目標是，確立重視目的導向的綜合性經營管理體制。內容是基於長期性的展望，把重心放在強化新製品開發體制之上。其結果，由於開發體制的強化，使得一連串的商品式樣更新計畫成功，得以穩固以長期經營計畫爲根本的經營管理體制基礎。

3. 確立防備八○年代的企業體制（1978～現在）

根據以後的環境條件的變化，把經營方針以及活動重點明確化，將重心置於確立體制與培養人才上，以謀求 TQC 更進一步的推展。關於它的想法，作法如下：

(1) 環境認識

在前項所述的長期經營計畫的策定過程中，下定了接受日本品管獎審查的決心，那就是「事先決定目標的時期，至該時期爲止，謀求 TQC 的新展開，並接受這方面權威者的嚴格評估」。

①隨著市場成熟，需求高度化、多樣化的進展，商品的吸引力程度是決定企業存亡的時代。

②在省資源、省能源的前提下，低燃料費汽車的要求隨之提高，形成世界性小型車戰爭的時代。

③在低燃料費、輕量化的推進過程中，確立能負起產品責任的可靠性保證技術的時代。

④由於資源、能源價格的上漲，形成國際性通貨膨脹的時代。

(2)經營方針的重點

　　本公司的社旨是承襲西元一九六三年豐田佐吉的遺訓及公司創立的目的，並包含了 TQC 的目標在內而制定的。這個社旨及其基本方針的具體表現如圖 9.1.2 所示。

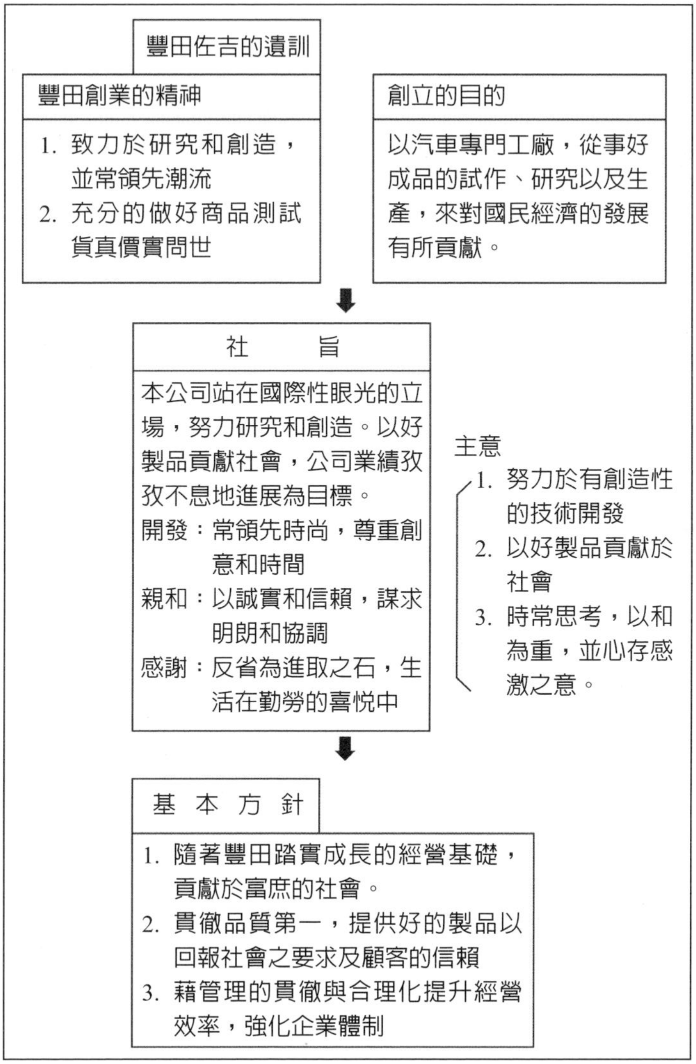

豐田佐吉的遺訓

豐田創業的精神

1. 致力於研究和創造，並常領先潮流
2. 充分的做好商品測試貨真價實問世

創立的目的

以汽車專門工廠，從事好成品的試作、研究以及生產，來對國民經濟的發展有所貢獻。

社　　旨

本公司站在國際性眼光的立場，努力研究和創造。以好製品貢獻社會，公司業績孜孜不息地進展為目標。

開發：常領先時尚，尊重創意和時間

親和：以誠實和信賴，謀求明朗和協調

感謝：反省為進取之石，生活在勤勞的喜悅中

主意

1. 努力於有創造性的技術開發
2. 以好製品貢獻於社會
3. 時常思考，以和為重，並心存感激之意。

基　本　方　針

1. 隨著豐田踏實成長的經營基礎，貢獻於富庶的社會。
2. 貫徹品質第一，提供好的製品以回報社會之要求及顧客的信賴
3. 藉管理的貫徹與合理化提升經營效率，強化企業體制

圖 9.1.2　經營理念及基本方針

在能具體表現「社旨」理念的基本方針中，以「貫徹品質第一謀求企業發展」為主旨，這個主旨是以從調查至銷售，服務為止的品質保證（以下簡稱QA）作為經營的主幹，並保證量、交期及成本的達成。這就是公司的基本目標，並且也是保障利益的想法。

根據前項所述的環境認識，將此想法作成明確的方針並使之具體化，且集合全公司的力量來實現。在卡車、商用車方面充分活用了本公司的特色，並以QA→增加輛數為目標，其實施重點如下：

①企劃出具有能開拓內外市場吸引力的商品

②製造出能確保內外市場優勢的高度品質

推展這些重點工作時，結果引發另一個目標，那就是QA→CR（Cost Reduction：縮減成本）。站在長期性觀點來看，它也是保證達到基本目標的最佳途徑。此外，在以日常性方式進行的QA活動中，徹底杜絕因品質不合等原因所產生的成本損失之情事。尤其是利用VA、IE等手法來進行有效率的生產時，仍抱持「品質第一」的態度，因而能達到了QA→CR的效果。將此想法以圖表表示，請參照9.1.3。

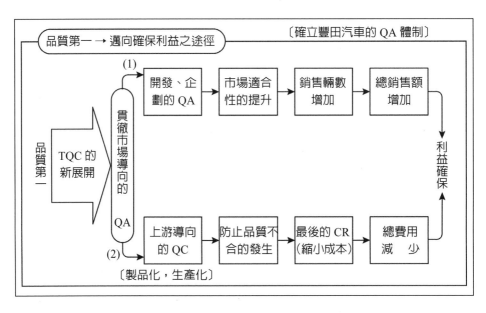

圖9.1.3　1978年以來的經營方針之重點

(3)活動的重點

為了達成經營方針的重點，更進一步進行了如上所述的活動，其重點如

下：

①藉技術開發計畫的充實，確實掌握市場的需要，以企劃出能事先掌握住社會、市場動向的商品來。

②根據品質展開表，將企業目標明確化，以及品質機能展開為軸心傳達品質。

③藉著可靠性技法，謀求故障預測、構造解析、設計審查及設備設計審查等的充實，事先掌握事故充實事前檢討。

④藉著試題、評價技術的開發而徹底做好評估，確認工作。

⑤藉著工法展開、工程解析的充實，確保工程能力。

(4)確立體系

以上過程中所揭示的一連串目標，構成了本公司品質計畫的核心。以利益為最終的目標，用目標系統圖使之連結。像這樣以經營活動的重點為中心整理出能保證達成長期及年度基本目標的總合性經營管理之體制。自一九七六年長期經營計畫（以下簡稱長計）策定之時，即開始致力於確立如此的體制。

之後，一面謀求內容的充實，一面根據長期計畫的「機能別、步驟別管理體制」的方式來整理，一直到今日，其重點係在於以長期品質計畫為主幹的 QA 體制。而強化新製品開發體制與充實完善成本管理體制的相互配合，對達成基本目標有著甚大的貢獻。此外，對於開發部門優先分配資源，也是這一時期經營的重要課題。體制及其運營的情形內容後敘述。

(5)培養人才

像倡導「社旨」那樣，引發出工作人員的能力，藉著給予可充分利用的場所，使其自覺「生命託付於工作」，並體驗出勞動的樂趣，這正是本公司創業以來的經營理念。這理念的實現，即在於人才的培養及確保，特別是一直致力於管理者的意識革新和培養工作人員的勞動意願。

9.1.2 方針管理之概要

本公司自西元一九七六年起即開始策定了適應新時代的長期經營計畫。之後，以強化管理方針為目標，致力於改善體制及充實經營目標。其主要事項如下：

(1)機能別、步驟別管理體制

(2)利用目標系統圖來連鎖目標

(3)基於長期展望充實目的導向型之年度目標

以下敘述有關本公司的方針管理、體制及活動狀況。

1. 管理方針的體制

(1) 公司方針的構成及流程

本公司的方針是由基本方針、長期計畫以及年度方針所構成。長期計畫以及年度方針是由各種基本目標、方案和機能、步驟、各部的目標、實施事項所形成的。這些方針在每一年度末都會根據上年度所檢討的事實、環境條件的新變化而重新制定。公司方針的計畫、實施、查核、行動的一連串流程如下圖 9.1.4 所示。

(2) 體制的完備

為了把經營活動全部體系化，以及保證達成基本目標，本公司藉著實施機能別、步驟別的管理體制和目標系統圖的目標連鎖，以謀求管理方針體制的完善。

如圖 9.1.5 所示，本公司將經營活動分成四步驟——技術開發製品企劃、製品化、生產化、號別生產；以及五機能——品質、數量、成本、人事、環境，並將他們縱橫組合成經營管理體制來採行。這是藉著經營活動的體系化和管理的製作，來明確決定任務、責任體制，並謀求全部經營目標的達成。

2. 機能別、步驟別的管理

(1) 機能別管理

所謂機能別管理是，把經營活動透過品質、數量、交期、成本等的個別機能，並在與人事機能的關聯中，使各步驟都具有一貫性的管理體制。廣義的品質概念是在兼顧成本之時，還要考慮到時間的概念。但在經營的實際活動中，即已將它們當作獨立的機能，就應明確其目標，如圖 9.1.6 所示，一面相互關係著一面向步驟別的活動展開。為了要明確和經營目標的關係，另外也設計了綜合調整各機能的總括機能。

(2) 步驟別管理

所謂步驟別管理（如圖 9.1.7 所示）是以強化新產品開發體制為目標，進一步推展源流中的 QA 體制，並在各步驟中保證企劃出有吸引力的產品及能製造出高度品質來。同時如圖 9.1.5 所示，綜合性的調整由各機能所提出來的游離、相反需求。

(3) 會議

以機能別、步驟別管理為主幹的管理方針體制，如圖 9.1.5 所示。但為了有效運營經營活動及取得業務推行上的意見一致，而設計了各種會議。其主要者如表 9.1.1 所示。

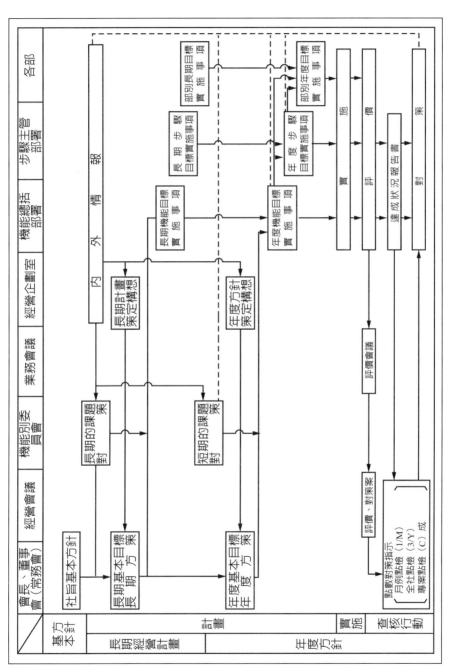

圖 9.1.4 公司方針的體系

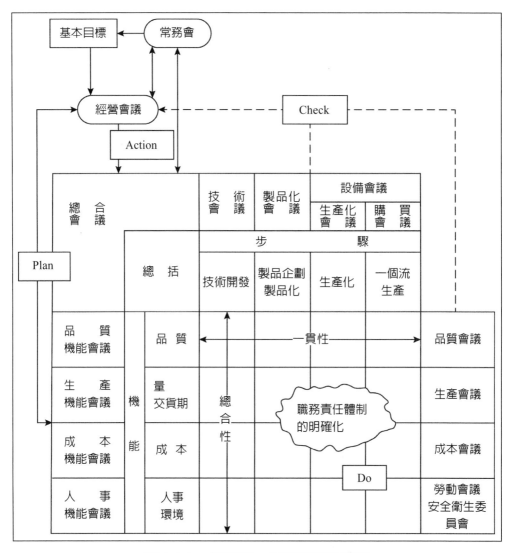

圖 9.1.5　機能別、步驟別管理體制

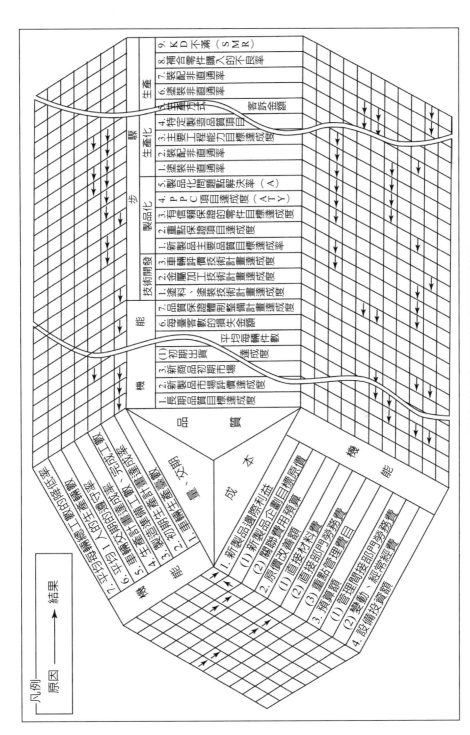

圖 9.1.6　機能別目標項目的相互關聯圖

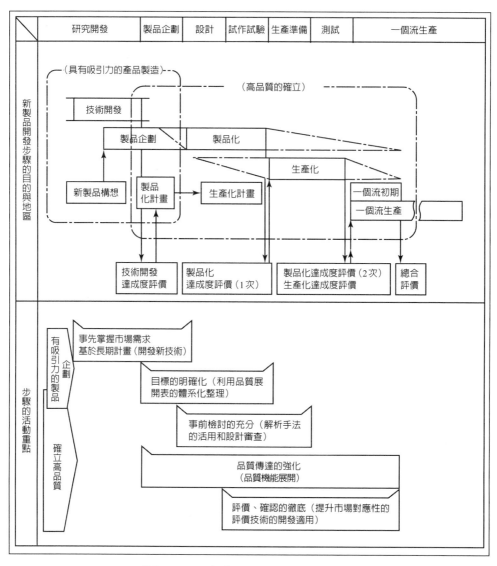

圖 9.1.7　新製品開發體制的強化

表 9.1.1　主要的會議

會議名	職務	組成	舉行次數	與圖 9.1.5 的關係
常務會	有關經營企劃、政策部分的審議、調整	常務以上的董事	2 次／月	
經營會議	有關經營管理方面的報告、審議、調整	全體常務董事	1 次／月	
機能會議	有關戰略課題、政策目標設定以及制度改善的專門審議	有關的董事	1 次／2 月	綜合會議 品質機能會議等
業務會議	為了有效推進經營目標的展開及達成目標的活動之審議調整	負責的董事 有關的經理	1 次／月	技術會議 品質會議等

3. 管理方針上的目標、手段之連繫（1978 年～）

(1) 目標與手段的連鎖

如圖 9.1.8 所示，以經營的基本目標為最終目標，為保證它的達成，根據目標系統圖，以下位目標來保證上位目標的形式，謀求目標的連繫。因此，明確目標相互間的關係，從取得全部人員理解的過程中，致力於提升個別目標的達成率。

(2) 目標的展開

此目標的連鎖，實際上如圖 9.1.9 所表示那樣，以目標和手段的連鎖，向機能、步驟、部門展開並貫穿至經營末端。此想法的大致情形如圖 9.1.10 所示。

機能與步驟間、步驟與部門間的目標相互關係，實施事項的相互關係，以如圖 9.1.11、9.1.12 所示的方式謀求其間的整合性。

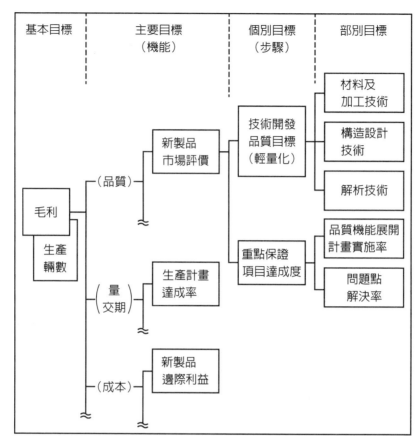

圖 9.1.8　　**目標系統圖**

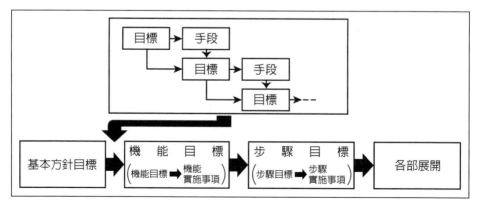

圖 9.1.9

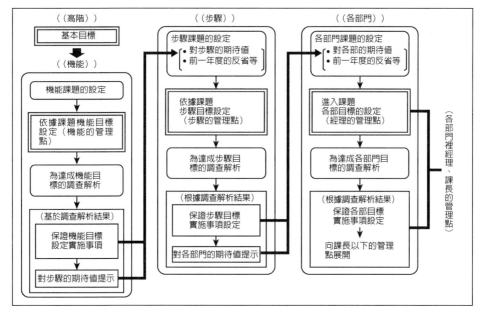

圖 9.1.10　**目標、手段連鎖的想法**

4.公司方針的設定與展開

(1)長期計畫的設定

　　長期計畫，是以提高年度方針的計畫品質為目標，供作初年度的實行計畫。在環境條件的變化中，每年重估長期計畫，並修正長期課題及目標，以再度確認年度的課題及目標。又，長期計畫是承接上級指示的長期基本目標，以企劃部門及機能總署為中心，整理長期經營課題，作為綜合計畫而予以調整和策定。此項長期計畫，是按目標系統圖將長期目標→機能目標→步驟目標→部門目標的連鎖明示出來，再經上級審議而設定的。

(2)年度方針的計畫和展開

　　年度方針的設定，是針對長期計畫初年度的目標，配合上年度的反省和本年度的課題，將長期目標和年度目標的關係劃分清楚；然後，再在機能、步驟、部內的目標連鎖明確之下展開。

機能實施事項				機能實施事項／步驟實施事項	步驟目標項目 步驟實施事項		技術開發				製品	產化	一個流生產
3. 貫徹一個流化的檢討加強開發階段中的品質	2. 藉著關聯活動的強化，有吸引力的新商品的企劃和開發		1. 為強化商品力的個別尖端技術的儲存	機能目標項目								省略	省略
(2) 品質機能展開的適用擴大	(1) 充實有關信賴品質的目標及實驗評價	(2) 藉內外市場動向迅速確實的把握，對新商品企劃開發的反映	(1) 強化商品企劃情報的授受活動				1. 輕量化計畫達成度 1/3M	2. 振動噪音計畫達成率 1/3M	3. 塗裝耐久性目標達成率 1/3M	4. 鮮映性目標達成率 1/3M	1. 新製品主要品質目標達成度 1/M		
				製品市場每輛故障的件數、金額 1/M									
	○			新製品市場平均每輛故障的件數 1/M							○		
		○		新製品市場評價達成度 C							○		
			○	年度技術開發目標達成度 C			○	○	○	○			
			○	技術開發	1. 先掌握市場要求的品質及技術水準的確保	(1) 輕量化技術	○						
			○			(2) 振動騷音解析技術		○					
			○			(3) 塗裝耐久性技術			○				
			○			(4) 高鮮映性技術				○			
		○	○	製品企劃、製品化	1. 新製品諸情報的蒐集與使用實態調查的強化						○		
		○			2. 對社會、市場需求企劃的反映與適時的技術開發成果的採用						○		
○	○				3. 貫徹機能展開設定細部目標						○		
	○				4. 反映環境工程能力的設計、試驗、評價						○		
				生產化	省略								
				一流生產	省略								

圖 9.1.11　方針展開（機能→步驟）例

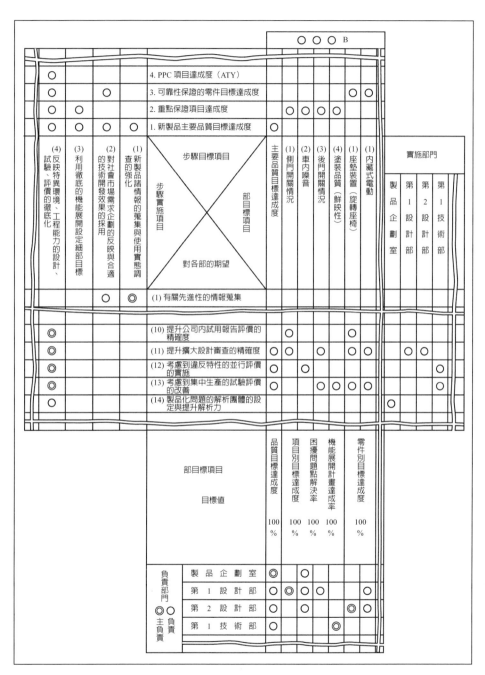

圖 9.1.12　方針展開（步驟→部）例

5.年度方針的實施和查核

在部階段以前所展開的年度方針，被變更爲實行計畫付諸實施。年度方針的推進及達成狀況，如表 9.1.2 所示，就全公司點檢、專案計畫點檢、月例點檢來跟催查核（Follow check），並進行問題點的掌握和對策的確認與指示。又，反省問題點並加以整理時，可以衡量出對下年度計畫和下一個計畫的適當反映。不過，也有視情況而實施年度內的方針修訂。

表 9.1.2 年度方針審核

	目標	檢核者	時間
全公司點檢	就經營上重要部分 ・進行年度推進品質的檢核 ・進行達成狀況的點檢	社長以下之董事	3 次／1 年
計畫點檢	對新製品開發問題點的掌握與對策的確認	社長以下之董事	新製品下線二個月前和四個月後
月例點檢	就全部的年度目標，加以確認月度的達成狀況，以及問題點的掌握與對策	社長及總署負責董事	1 次／1 月

9.1.3 結語

以上乃是推展 TQC（全公司品質管理）的重要支柱，就方針管理方面，加以介紹其結構和營運的方式。目前，機能別和步驟別的管理體制業已完善，且在機能、步驟及部內的長期展望上，謀求目標導向型的展開，其效果亦逐漸提高。

最後，就該公司方針管理上應特別注意的幾點，整理敘述如下：

①應考慮公司內部對長期計畫、年度方針的意見是否一致（根據長期計畫釐訂的五年計畫來分階推動的方法）。

②將經營的基本目標置於提高財務（利潤）及從業員的士氣，實施以品質計畫爲主的方針管理。

③在展開方針之際，各部門主管和部會之間應相互協調，缺失者加以塡補，不良者加以改善，致力於提高計畫的品質。

④尤有進者，爲使部門間的連繫在結構上定型，應視爲方針管理的體系，予以標準化及運作。

參考文獻

1. 鐵健司，TQC 與管理項目之活用，日科技連出版社，1993
2. 小川一也，如何推行方針管理
3. 細谷克也，QC 的看法與想法，日科技連出版社，1984
4. 赤尾洋二，部課長的管理項目與方針管理，品質月間テキスト，No. 128
5. 狩野紀昭，日常管理的澈底，品質月間テキスト，No. 128
6. 赤尾洋二，方針管理活用的實際，日本規格協會，1988
7. 鐵健司，機能制管理活動的實際，日本規格協會，1988
8. 赤尾洋二，品質展開活用的實際，日本規格協會，1988
9. 石川馨，第 3 版品質管理入門，日科技連出版社，1989
10. 狩野紀昭，日常管理的徹底，品質月間テキスト，No.147，1983
11. 谷津進，管理項目的選擇法・使用法，標準化和品質管理，Vol.38，No.5，p. 49-55，1985
12. 水野滋，QC 工程圖概論，品質管理，Vol.26，No.4，p.314-319，1975

國家圖書館出版品預行編目資料

圖解方針管理／陳耀茂編著. ——初版.——
　臺北市：五南圖書出版股份有限公司，
2023.03
　面；　公分
ISBN 978-626-343-845-3（平裝）

1.CST: 企業管理　2.CST: 決策管理

494.1　　　　　　　　　112001990

5B1A

圖解方針管理

作　　　者 — 陳耀茂（270）

發 行 人 — 楊榮川

總 經 理 — 楊士清

總 編 輯 — 楊秀麗

副總編輯 — 王正華

責任編輯 — 張維文

封面設計 — 王麗娟

出 版 者 — 五南圖書出版股份有限公司

地　　　址：106台北市大安區和平東路二段339號4樓

電　　　話：(02)2705-5066　　傳　　真：(02)2706-6100

網　　　址：https://www.wunan.com.tw

電子郵件：wunan@wunan.com.tw

劃撥帳號：01068953

戶　　　名：五南圖書出版股份有限公司

法律顧問　林勝安律師

出版日期　2023年3月初版一刷

定　　　價　新臺幣250元

經典永恆・名著常在

五十週年的獻禮——經典名著文庫

五南，五十年了，半個世紀，人生旅程的一大半，走過來了。

思索著，邁向百年的未來歷程，能為知識界、文化學術界作些什麼？

在速食文化的生態下，有什麼值得讓人雋永品味的？

歷代經典・當今名著，經過時間的洗禮，千錘百鍊，流傳至今，光芒耀人；

不僅使我們能領悟前人的智慧，同時也增深加廣我們思考的深度與視野。

我們決心投入巨資，有計畫的系統梳選，成立「經典名著文庫」，

希望收入古今中外思想性的、充滿睿智與獨見的經典、名著。

這是一項理想性的、永續性的巨大出版工程。

不在意讀者的眾寡，只考慮它的學術價值，力求完整展現先哲思想的軌跡；

為知識界開啟一片智慧之窗，營造一座百花綻放的世界文明公園，

任君遨遊、取菁吸蜜、嘉惠學子！